河北省主要气象灾害及防御规划

（2021—2025年）

河北省气象局 编著

气象出版社
China Meteorological Press

内容简介

本书共有9章。首先介绍了河北省地理概况，然后重点介绍了暴雨、干旱、大风、冰雹、雷电、台风、高温、低温冷冻、暴雪、大雾、龙卷及沙尘天气的特征及影响，并根据《中华人民共和国气象法》《气象灾害防御条例》《河北省气象事业发展“十四五”规划》，以及国家与河北省关于加强气象灾害防御工作的有关要求，提出气象灾害防御现状和形势要求，给出气象灾害防御布局重点、主要任务及保障措施。

图书在版编目（CIP）数据

河北省主要气象灾害及防御规划（2021—2025年）/ 河北省气象局编著. -- 北京 : 气象出版社, 2021.11
ISBN 978-7-5029-7601-9

Ⅰ. ①河… Ⅱ. ①河… Ⅲ. ①气象灾害—灾害防治—河北 Ⅳ. ①P429

中国版本图书馆CIP数据核字(2021)第243611号

Hebei Sheng Zhuyao Qixiang Zaihai ji Fangyu Guihua(2021—2025 Nian)

河北省主要气象灾害及防御规划(2021—2025年)

河北省气象局　编著

出版发行：气象出版社

地　　址：北京市海淀区中关村南大街46号　　**邮政编码**：100081

电　　话：010-68407112(总编室)　010-68408042(发行部)

网　　址：http://www.qxcbs.com　　**E-mail**：qxcbs@cma.gov.cn

责任编辑：邵　华　宋　祎　　**终　　审**：吴晓鹏

责任校对：张硕杰　　**责任技编**：赵相宁

封面设计：艺点设计

印　　刷：北京建宏印刷有限公司

开　　本：787 mm×1092 mm　1/16　　**印　　张**：8

字　　数：220千字

版　　次：2021年11月第1版　　**印　　次**：2021年11月第1次印刷

定　　价：48.00元

《河北省主要气象灾害及防御规划（2021—2025 年）》编撰委员会

主　　编：张　晶

副 主 编：陈小雷　王丽荣　景　华

委　　员（按姓氏笔画排列）：

司丽丽　吕　研　孙玉龙　李　婷　李　姣

张安凝知　张素云　张　娜　陈笑娟　赵铁松

胡会芳　娄朋举　解文娟　魏铁鑫

前言

PREFACE

河北省地处华北平原，东临渤海，西倚太行山，南接黄淮平原，北连蒙古高原，南北跨度约6.5个纬度；地势西北高、东南低，东西海拔落差2000余米；西北部是坝上高原，北部、西部分别为燕山、太行山山地，盆地、丘陵分布其间；东南部为黄河、海河、滦河冲积平原；东部沿海地区，有487千米的海岸线。

河北省地形地貌复杂多样，高原、山地、丘陵、盆地、平原及海岸等各种类型都有，是我国地形地貌最全的省份，特殊的地形地貌极易造成各种自然灾害多发。在地理上，河北省划分为五个区：坝上高原区、冀北山地区、冀西山地区、冀西北间山盆地区和河北平原区。河北省属海河流域，境内有7大水系，16条骨干行洪河道，13条主要行洪河道，河流上游山高坡陡、源短流急，且河道上宽下窄，行洪能力上大下小，尾闾不畅，极易成灾。河北省境内有大型水库18座、中型水库44座、小型水库1012座，有尾矿库1492座，灾害高风险点多、面广，灾害风险较大。

随着全球气候变暖，极端天气气候事件频发多发已演变成常态，对全球社会经济可持续发展造成严重威胁，也给河北省社会经济发展带来严峻挑战。同时，随着未来社会经济总量和城市化人口密集度的增加，气象灾害承灾体的脆弱性也在增大，气象灾害风险将不断增大。

气象灾害防御已成为区域公共安全的重要组成部分，也是各级党委、政府履行社会管理和防灾减灾救灾职能的重要体现，更是地方国民经济和社会发展的基础性公益事业。开展河北省气象灾害变化规律分析和风险评估，编制气象灾害防御规划，对于指导各地气象防灾减灾救灾体系建设，强化气象防灾减灾救灾能力，落实2016年7月28日习近平总书记在唐山讲话时提出的“要坚持以防为主、防抗救相结合，坚持常态减灾和非常态救灾相统一，努力实现从注重灾后救助向注重灾前预防转变，从应对单一灾种向综合减灾转变，从减少灾害损失向减轻灾害风险转变，全面提升全社会抵御自然灾害的综合防范能力”要求，建设经济强省、美丽河北，具有十分重要的意义。

本书对河北省主要气象灾害变化规律进行了分析和区划评估，其中所指的气象灾害主要包括暴雨、大风、冰雹、干旱、雷电、台风、高温、低温冷冻、暴雪、大雾、龙卷和沙尘天气等所造成的灾害。在此基础上，对2021—2025年河北省气象灾害防御进行了规划，规划的编制主要依据《中华人民共和国气象法》《气象灾害防御条例》《河北省气象事业发展“十四五”规划》，以及国家与河北省政府关于加强气象灾害防御工作的有关要求。

本书编写组主要由河北省气象灾害防御中心的技术人员组成。陈小雷、王丽荣、景华负责对本书内容整体设计、组织编写和文稿审定工作，张晶负责对本书编写内容的整体把关工作。本书各章节分工如下：第1章由娄朋举、吕研负责编写；第2章由张素云、李姣、王丽荣负责编写；第3章中暴雨、暴雪部分由张安凝知负责编写，干旱、雷电、龙卷部分由解文娟负责编写，大风部分由孙玉龙负责编写，冰雹部分由李姣负责编写，台风部分由景华负责编写，高温部分由胡会芳负责编写，大雾、低温冷冻、沙尘部分由张素云负责编写，气象灾害防御现状和形势要求部分由娄朋举负责编写；第4章由陈笑娟、李婷负责编写；第5章由陈笑娟、司丽丽负责编写；第6章由魏铁鑫、娄朋举、王丽荣、张娜负责编写；第7章由赵铁松、魏铁鑫、娄朋举、王丽荣、张娜、景华、司丽丽负责编写。

目录

CONTENTS

01

第1章

规划的指导思想、原则、目标及保障措施

1.1　指导思想

以习近平新时代中国特色社会主义思想为指导，深入贯彻党的十九大和十九届二中、三中、四中、五中、六中全会精神，认真落实习近平总书记对气象工作的重要指示精神，坚持以人民为中心的发展思想，紧紧围绕气象工作关系生命安全、生产发展、生活富裕、生态良好的战略定位，牢牢把握发挥气象防灾减灾第一道防线作用的战略重点，不断提高气象灾害监测预报预警能力、风险防范能力、应急处置能力、预警信息发布能力、依法防御能力、科普宣传能力，全面提高全省气象灾害防御综合水平，为加快经济强省、美丽河北建设提供有力保障。

1.2　规划原则

坚持党委领导、政府主导。坚持各级党委和政府在气象防灾减灾救灾工作中的领导和主导地位，加强气象部门与防灾减灾救灾各部门的应急联动，形成全社会的气象防灾减灾救灾合力。

坚持人民至上，生命至上。牢固树立安全发展理念，把保护人民生命安全摆在首位，增强全民气象灾害防御意识，提升社会公众自救互救技能。

坚持预防优先，综合减灾。牢固树立气象灾害风险管理理念，坚持改革创新，充分发挥监测、预报、预警、风险评估和科普宣传等工作在减轻气象灾害风险中的作用，不断推进气象灾害防治体系和防治能力现代化。

坚持开放合作，协同发展。推进区域和部门气象防灾减灾救灾合作，加大信息共享，联合开展技术攻关和信息化系统建设，共商、共建、共享气象防灾减灾救灾体系，共同参与气象灾害治理。

坚持创新驱动，科学防灾。突出科技引领，顺应信息化、智能化趋势，聚焦气象核心技术，优化创新资源配置，提高科技创新能力，营造有利于创新人才发展的良好环境。

1.3　规划目标

到 2025 年，建成适应新时代防灾减灾救灾体制机制改革要求的气象灾害防御体系。气象灾害监测预报预警能力进一步提升，提高突发事件预警信息发布能力，全面开展气象灾害综合风险普查，强化风险管理对气象灾害防御的有效支撑，不断完善气象灾害防御法律法规和气象防灾减灾救灾组织体系，城市、乡村、海洋和重点区域气象防灾减灾能力明显提高，全民气象防灾减灾意识和自救互救技能进一步增强，重大气象灾害造成的经济损失和人员伤亡比“十三五”期间进一步降低，气象防灾减灾第一道防线的作用得到充分发挥。

1.4 保障措施

1.4.1 加强党的领导

各级党委政府要高度重视气象灾害防御工作,以党的政治建设为统领,切实做好组织领导,完善工作机制,确保各项规划任务有序推进。各有关部门要按照职责分工,加强对气象灾害防御工作的组织管理和实施,进一步强化部门间信息共享、会商研判和应急联动,形成气象灾害防御工作合力。

1.4.2 纳入发展规划

各市、县级政府要将气象灾害防御工作列入政府重要议事日程,根据当地气象灾害的特点和防御重点,组织编制本行政区的气象灾害防御规划,并纳入同级的国民经济和社会发展总体规划,明确气象灾害防御工作发展思路和重点。省级各部门在制定专项规划时要充分考虑气象灾害防御规划要求,建立各行业间规划的衔接和协调互动机制。

1.4.3 加强科技创新

充分认识加快气象科技创新的重大意义,建立健全气象灾害防御科技创新综合服务体系,支持气象灾害防御基础研究和应用研究,加大关键技术研发力度。全面提升气象防灾减灾科技水平,切实加强气象灾情多源信息监测技术、精细化综合风险区划技术、影响预报技术、风险评估技术等核心技术研究。加强科技创新管理,加大科技创新投入,推进人工智能、大数据等新技术在防灾减灾工作中的应用。对标国内外先进技术及方法,加强国内、国际交流,提升科技创新合作水平。探索军民融合,尝试构建军民科技协同创新体系,支持军民两用技术和创新成果在气象防灾减灾工作中的应用。

1.4.4 推进法治建设

深入落实全面依法治国方略,推进科学立法、严格执法、全民守法。认真贯彻实施《中华人民共和国气象法》《气象灾害防御条例》《河北省气象灾害防御条例》等法律法规,充分发挥法律法规在气象防灾减灾中的引导、规范、保障作用。坚持立、改、释并举,完善气象灾害防御的法规制度体系,推进雄安新区气象防灾减灾立法工作。深入开展法治宣传教育,充分发挥法治保障作用,提升社会力量在气象防灾减灾工作中的自觉性。各职能部门切实履行管理职能,规范管理行为,创新管理方式,不断提高气象灾害防御管理的能力和水平。

1.4.5 强化人才队伍建设

围绕重大科技攻关和关键技术研究,加强气象灾害防御科技创新队伍和高层次人才队伍建设,培养、储备相关领域高技能人才。积极参与省"人才强冀"战略和"巨人计划",认真贯彻尊重劳动、尊重知识、尊重人才、尊重创造方针，完善聚才、引才、用才机制，加大政策创新力度，健全以创新能力、质量、实效、贡献为导向的科技人才评价体系。培养高素质防灾专业技术队伍，加强灾害监测预警专业人才的培训，构建气象灾害防御专家团队。

1.4.6　健全经费投入制度

统筹各类资源，加大气象灾害防御资金投入，建立以政府财政投入为主，企业、事业单位和社会等多元化投资的气象灾害防御支持渠道，保障规划任务的顺利实施。完善竞争性经费和稳定支持经费协调投入机制，对事关气象灾害防御发展的关键核心技术给予持续稳定支持。完善绩效管理制度，科学评价气象灾害防御投资效益。

02

第 2 章

自然地理概况和主要气候特征

2.1　地理位置

河北省位于华北平原北部，东临渤海，西倚太行山，南接黄淮平原，北连蒙古高原，界于北纬 36°05′至 42°40′，东经 113°27′至 119°50′之间，南北长约 730 千米，跨越约 6.5 个纬度，东西宽约 560 千米，总面积 18.8 万平方千米。河北省简称“冀”，省会石家庄。它环抱首都北京，东与天津毗连，东南部、南部衔山东、河南两省，西与山西为邻，西北部、北部与内蒙古自治区交界，东北部与辽宁省接壤。截至 2020 年 6 月，河北省下辖 11 个地级市，共有 49 个市辖区、21 个县级市、91 个县、6 个自治县。2017 年 4 月，中共中央、国务院决定设立河北雄安新区。

2.2　地形概况

河北省地势西北高、东南低，由西北向东南倾斜。地貌复杂多样，高原、山地、丘陵、盆地、平原及海岸等各种类型齐全。其中，主要包括坝上高原、燕山和太行山山地、河北平原三大地貌单元。高原占据省境西北隅；燕山近于东西走向，横卧在河北省北部；太行山大致以东北—西南方向屹立在省内西缘；丘陵、盆地和山地相间分布；河北平原位于燕山以南和太行山以东的广大地区。这种由西北向东南节节下降的半环状地势，使得河北省地形明显分三级阶梯，高原、山地、平原自西北向东南排列整齐，井然有序。

高原主要分布在河北省最北部偏西，华北平原与内蒙古高原交界的地方，属于内蒙古高原的南缘部分，一般称为“坝上地区”，平均海拔 1200～1500 米，面积 15954 平方千米，占全省面积的 8.5%，位于张家口北部（尚义县、康保县、张北县、沽源县、察北管理区、塞北管理区）及承德西北部（丰宁满族自治县和围场满族蒙古族自治县），共覆盖 8 个县（区）。

山地分布在河北省的北部和西部。北为燕山山地、西为太行山山地，其中包括中山山地区、低山山地区、丘陵地区和山间盆地 4 种地貌类型，海拔多在 2000 米以下，占全省面积的 48.1%。海拔高于 1000 米的中山主要分布在赤城、隆化一线以北和涞源、阜平一线以西的太行山部分；海拔 500～1000 米的低山，集中分布在平泉、承德、滦平、阜平、涉县等地；高于 2000 米的孤峰仅十余座，其中位于张家口东南部（跨蔚县、涿鹿两县交界处）的小五台山是太行山的主峰，也是省内最高峰，海拔 2882 米。

平原分布在河北省东南部地区，是华北大平原的一部分。由燕山自西向东、太行山自北向南构成半环状的“弧形山脉”环抱着，包括山前冲积洪积平原、中部冲积平原、滨海冲积海积平原三大类，海拔多在 100 米以下，低于 50 米的占绝大部分，其地势坦荡辽阔，自山麓向中部及沿海缓缓下降，背山面海，全区面积 81459 平方千米，占河北省面积的 43.4%。

海岸地貌分布在河北省沿海地区，包括秦皇岛、唐山、沧州三市，海岸线长 487 千米，海岸带总面积 1.1 万平方千米，约占秦皇岛、唐山、沧州三市总面积的 32%。海岛 132 个，岛岸线长199千米,海岛面积8.4341平方千米。

2.3 水系概况

河北省河流众多,长度在18千米以上1000千米以下者就达300多条。境内河流大都发源或流经燕山、冀北山地和太行山山区,其下游有的合流入海,有的单独入海,还有因地形流入湖泊不外流者,分属海河、滦河、辽河、内陆河4个水系,其中海河水系最大,滦河水系次之。

海河水系,位于河北省中、南部地区,是河北省最大的一条水系,流域面积占全省面积的三分之二以上,自北向南由北运河、永定河、大清河、子牙河、南运河五大支流组成,汇入海河干流,经天津汇入渤海。

滦河水系,位于河北省东北部,发源于丰宁县,经沽源县向北流过内蒙古多伦县境,后又向南流入河北省境内。滦河支流繁多,最后于乐亭县汇入渤海。

辽河水系,位于河北省东北角,为河北省最小的外流河水系,其发源于河北省围场县和平泉县,向东、东北流入内蒙古自治区和辽宁省。

内陆河水系,位于西北部坝上高原区,西、北与内蒙古自治区毗邻,南部以"坝沿"为界,范围包括张家口市的尚义、康保、张北和沽源四县,地形平坦,多湖淖、草滩,流域内多为季节性小河,流程较短,长度数千米至数十千米,由南向北注入安固里淖、黄盖淖、察汗淖等湖淖。

另外,河北省境内有大型水库18座、中型水库44座、小型水库1012座,蓄滞洪区13处(永定河泛区、小清河分洪区、白洋淀、东淀、文安洼、贾口洼、献县泛区、宁晋泊、大陆泽、盛庄洼、兰沟洼、永年洼和大名泛区)。

2.4 农业结构

河北省大部分耕地主要分布在广大平原地区和山间盆地,主要耕地类型有旱地和水田。其中,水田较少,主要集中于冀东平原、冀西北间山盆地、冀中平原和沿海一带水源较好的地区,其余为旱地。农作物构成以粮食作物为主,经济作物占第二位,其他作物次之。大致以长城为界,长城以北,纬度和地势都较高,热量资源较少,无霜期较短,农作物一般一年一收;长城以南,热量资源充沛,无霜期逐渐向南延长,个别地区灌溉条件较好,实行一年两收。

河北省的粮食作物主要有小麦、玉米、棉花、谷类、薯类、豆类和水稻,其他还有莜麦、大麦等。小麦占最大比重,玉米次之。目前,形成以京沪、京广铁路沿线为重点的优质专用小麦产业带;以京沪、京广铁路沿线和张承坝下地区为重点的优质玉米产业带;以沧州、廊坊等地为重点的优质大豆种植及生产。张家口、承德地区的马铃薯和冀东卢龙、冀中永清、冀南大名等的甘薯产业也正在加快生产,棉花生产主要分布在以邯郸、邢台、沧州、衡水为重点的黑龙港流域。冀东、冀中和冀南有着优质油料产业带。河北省的蔬菜作物是农业种植的重要组成部分，张承地区无公害错季蔬菜、环京津地区精特蔬菜、冀南地区茄果类蔬菜、冀中地区日光温室蔬菜、沧州和衡水地区大中棚蔬菜、冀东地区中小棚和露地蔬菜六大特色产区格局已基本形成。另外，河北省还是中国的中药材主产区，盛产祁沙参、黄芩、柴胡、山楂等。

河北省优越的地理环境和气候条件不仅适合多种农作物的种植，也是温带水果的生产大省。主要的园林水果有苹果、梨、桃、葡萄、红枣、柿子等，其中苹果、梨、桃和葡萄是主要特色种类；主要的瓜类水果有西瓜、香瓜、甜瓜和草莓。河北省富岗苹果、深州蜜桃、赵县雪花梨、沧州小枣、迁西板栗等已发展成驰名的特色水果。

2.5　气候特征

2.5.1　降水

1981—2010 年，河北省年均降水量为 503.5 毫米，各地年降水量在 338.4～688.9 毫米之间(图 2.1)。空间分布不均匀，燕山南麓年降水量最多，在 600 毫米以上，西北部高原地区降水量最少，年降水量不足 400 毫米。省内降水量整体空间特征为南部多于北部、山区多于平原、沿海多于内陆。太行山区、燕山山区是河北省暴雨频发的地区，在太行山区和燕山山区，有

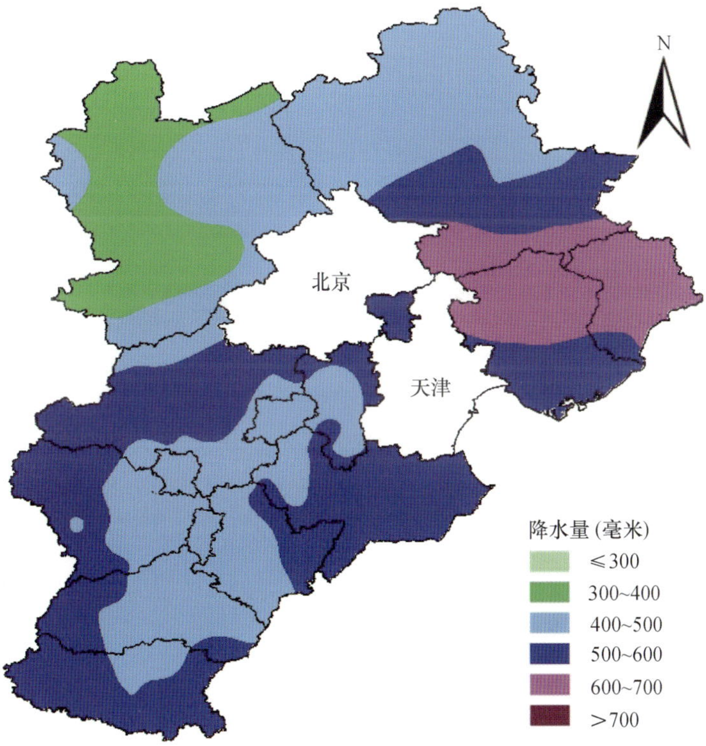

图 2.1　1981—2010 年河北省年平均降水量分布图

四个多雨中心,分别是兴隆—遵化、涞源—紫荆关、阜平、浆水;两个少雨中心分别位于西北部高原和中部平原地区。河北省降水量时间分布也不均匀,降水主要集中在夏季,占全年的66%;春秋次之,占全年32%;冬季最少,仅占2%。自有气象观测记录以来,1964年降水量最多,全省平均为814.6毫米;1997年最少,为340.4毫米。

2.5.2 气温

1981—2010年,河北省年平均气温为11.8 ℃。空间分布不均,受南北跨度大、地形等影响,南北气温差异大,各地年平均气温在2.2~14.6 ℃之间(图2.2)。河北省年平均气温南高北低,其中,张家口、承德北部的坝上地区年平均气温低于6 ℃,保定、廊坊以南地区超过12 ℃,邢台和邯郸的局地则大于14 ℃。河北省冬冷夏热、四季分明,气温年较差大,7月平均气温最高,为25.9 ℃;1月最低,为−4.6 ℃。

全省日极端最高气温多出现在6月,日极端最低气温多出现在1月。自有气象记录以来,日极端最高气温于2009年6月25日出现在邢台沙河市,为44.4 ℃;日极端最低气温于1957年1月12日出现在承德围场御道口,为−42.9 ℃。

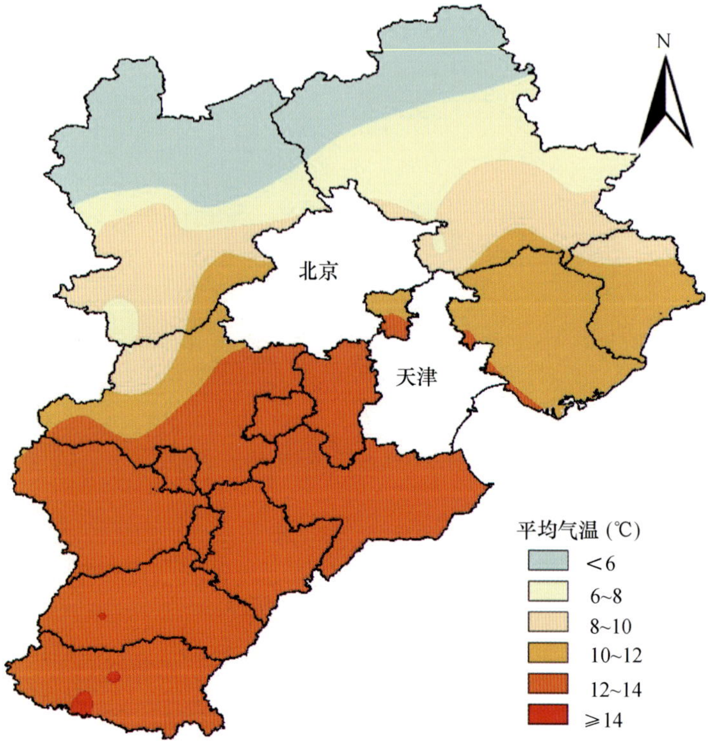

图2.2 1981—2010年河北省年平均气温分布图

2.5.3 日照

1981—2010年,河北省年平均日照时数为2496小时。各地年均日照时数在2126~3063

小时之间(图 2.3),空间分布不均,北部多,南部少。张家口、承德、秦皇岛日照时数最多,在2600 小时以上,其中,张家口大部、承德西北部超过 2800 小时,张家口康保最多;石家庄、邢台、邯郸的大部分地区日照时数较小,低于 2200 小时,邯郸武安最少。从时间分布看,河北省日照时数春季最多,夏季、秋季次之,冬季最少。

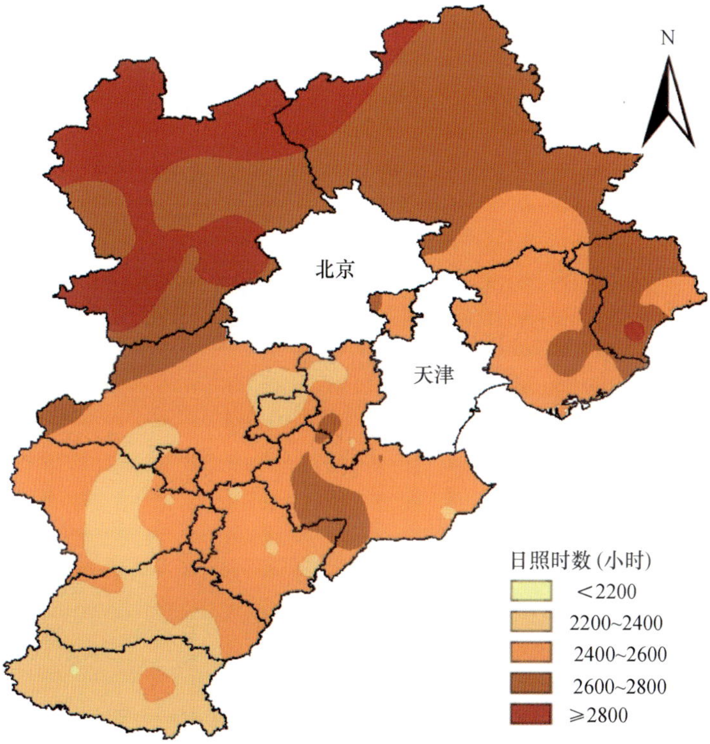

图 2.3　1981—2010 年河北省年平均日照时数分布图

2.5.4　其他

1981—2010 年,河北省全年太阳总辐射量为 4974～5966 兆焦/米^2,其空间分布为北多南少、东西多中间少。中南部和东部部分地区年太阳总辐射小于 5200 兆焦/米^2,其他地区均在 5200 兆焦/米^2 以上。太阳总辐射量随季节变化明显,夏季最多,占年总量的 33%,冬季最少,占 15%;春季占 31%,秋季占 21%。

1981—2010 年,河北省全年无霜期日数为 80～205 天,空间分布为南多北少的纬向型。保定、廊坊以南大部分地区在 180 天以上,邢台市区最长;北部高原地区则小于 120 天,张家口康保最短。

2.6　气象灾害特征

河北省是气象灾害种类最多的省份之一,主要气象灾害有:暴雨、干旱、大风、冰雹、雷电、台风、高温、低温冷冻、暴雪、大雾、龙卷、沙尘天气等,以上气象灾害每年均有不同程度的发生,受特殊地理环境和天气气候影响,气象灾害具有显著的特点。

2.6.1 灾害种类多、范围广

中国常见的气象灾害:干旱、暴雨、暴雪、连阴雨、雷电、冰雹、高温、低温、寒潮、霜冻、冰冻、冻雨、大风、沙尘暴、台风、龙卷、大雾、霾等,河北均有发生,而且,泥石流、滑坡、洪水、城市内涝、农田渍涝、风暴潮、道路结冰、空气污染、森林火灾、生态环境恶化等次生灾害也呈多发态势。

受气候、地理位置、地形等因素的影响,河北省各类气象灾害分布如下:北部张家口、承德地区,冬春多大风、沙尘暴、大雪、冰雹天气,夏季多干旱、暴雨及霜冻天气;太行山地区和燕山地区多干旱天气,夏季又是暴雨多发区,极易引发洪涝灾害;东部沿海地区多受大风、台风影响,易引发风暴潮,且多受风雹灾害;沧州、衡水以及邢台、廊坊、保定部分地区的黑龙港流域为本省的干旱区域,平原地区受历史上黄河多次改道的影响,有许多纵横交错的岗洼地,河道排水不畅,又是容易发生沥涝的地区。全省受冬季强冷空气的影响,寒潮大风天气较多。

2.6.2 灾害频次高、强度大

河北省每年都会有多种气象灾害程度不同地在各地发生,而且有些灾害每年还会持续很长时间。如旱灾,就有春旱、春夏连旱、伏旱、秋旱、冬春连旱等;风灾既有冬季的寒潮大风,又有夏季的雷雨大风、龙卷等。各种灾害每年几乎遍及全省各地,形成全省范围内的多灾局面。

2.6.3 旱涝灾害交替、多灾并发

全省每年都有一些地方出现严重干旱,同时,另一些地方遭受洪涝灾害袭击。从河北省旱涝灾害发生的历史看,往往是连续几年、十几年多旱灾,而另一个时期多洪涝灾,呈现出一定的阶段性。在旱涝交替发生的过程中,往往还会伴有多种灾害同时发生。如在洪涝灾害发生时,常常伴有雷电、大风、冰雹等气象灾害,同时,还极易诱发洪水、城市内涝、渍涝等次生、衍生灾害,在数灾并发的情况下,使灾害的破坏和危害程度加剧。

2.6.4 灾害损失大、破坏重

新中国成立以来,河北省多次遭受重大气象灾害袭击,如1954、1956、1963、1977、1996、2012、2016年的暴雨洪涝灾害,1965、1972、1992、1997、1999、2000、2002年的旱灾等。频繁发生的气象灾害给河北的工农业生产及人民生命财产带来巨大损失,2009—2016年,每年受灾人口都在1000万人次以上,2017年以来明显减少,但也在200万人次以上(图2.4),2009—2020年平均年度直接经济损失超150亿元(图2.5)。

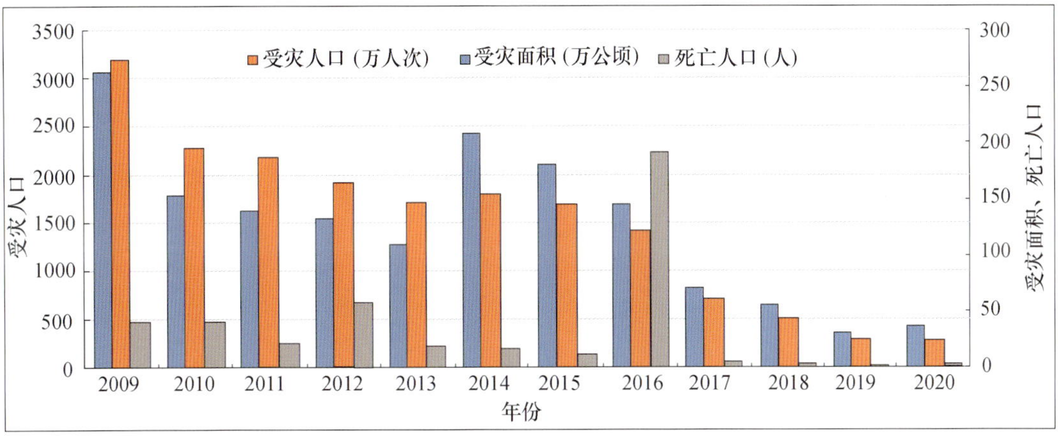

图 2.4　2009—2020 年河北省气象灾情统计

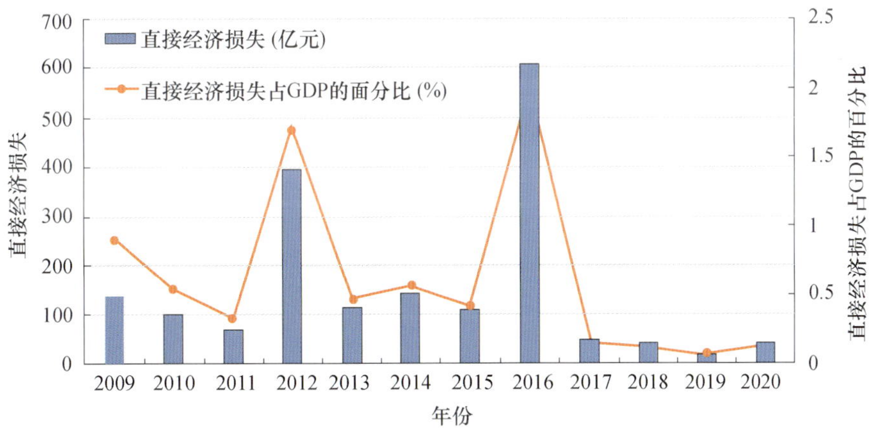

图 2.5　2009—2020 年河北省因气象灾害造成的直接经济损失情况统计

03

第3章 主要气象灾害及影响

影响河北省的主要气象灾害有暴雨、干旱、大风、冰雹、雷电、台风、高温、低温冷冻、暴雪、大雾、龙卷、沙尘天气等，同时气象灾害还极易引发其他次生灾害，给国民经济发展、人民生产生活造成重大影响，甚至造成人员伤亡。

3.1 暴雨

24 小时降水量为 50 毫米及以上的强降雨称为“暴雨”。按降水强度大小将暴雨分为三个等级，24 小时降水量为 50.0～99.9 毫米称“暴雨”，100.0～249.9 毫米称“大暴雨”，250 毫米以上称“特大暴雨”。

河北省北部、西部山区汇水速度快，是山洪易发区。暴雨引发的山洪、洪水、城市内洪、农田渍涝、山体滑坡、泥石流、崩塌等，可能造成人员伤亡、房屋倒塌、道路桥梁受损、水库溃坝、河流溃堤、基础设施损坏、农作物被淹、车辆被浸泡甚至冲走等。据统计，新中国成立以来暴雨灾害是河北省造成经济损失和死亡人口最多的气象灾害。

3.1.1 暴雨时间分布特征

3.1.1.1 年分布特征

1974—2018 年，河北省年平均暴雨日数 1.4 天，全省年平均暴雨日数最多为 2.7 天，出现在 1977 年；最少为 0.6 天，出现在 2002 年(图 3.1)。从 1974—2018 年年平均暴雨日数变化趋势看，自 1974 年以来，暴雨日数整体上变化不大，其中 1976—1979 年、1994—1996 年暴雨日数持续偏多，1991—1993 年、1997—1999 年、2004—2008 年暴雨日数持续偏少。

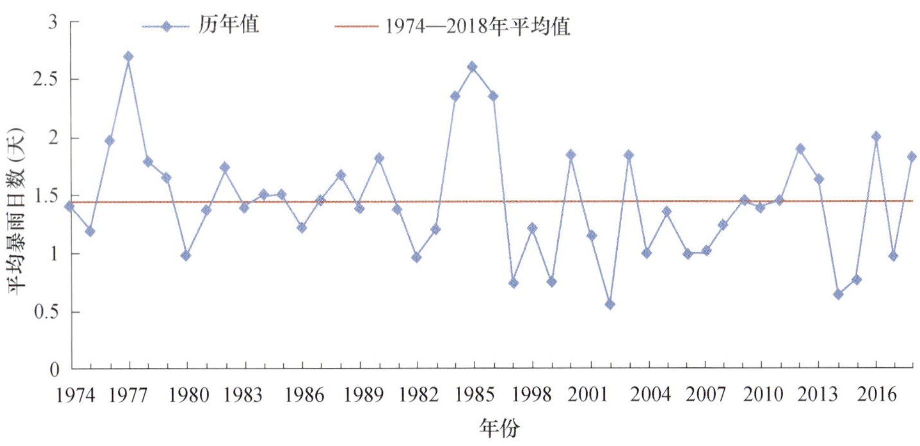

图 3.1 1974—2018 年河北省逐年平均暴雨日数

3.1.1.2 月分布特征

河北省暴雨最早出现在 3 月，最晚出现在 11 月，主要出现时段为 6—8 月，占全年暴雨总日数的 90.0%(图 3.2)。其中，7 月全省暴雨平均日数最多，为 0.7 天，占全年暴雨总日数的 45.9%。

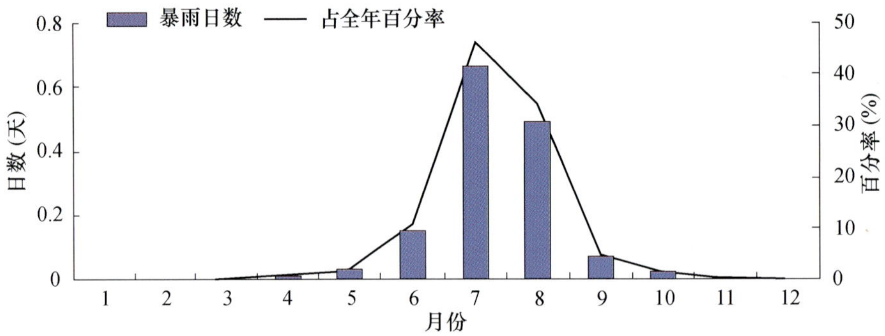

图 3.2 1974—2018 年河北省逐月平均暴雨日数

3.1.2 暴雨空间分布特征

3.1.2.1 暴雨日数分布特征

暴雨日数呈现出南多北少、东多西少的分布特征，燕山山区东南部和山前平原最多，年平均暴雨日数在 2.5 天以上，唐山遵化市最多，为 2.7 天。西北部张家口市暴雨日数最少，大部分县(市、区)年平均暴雨日数不足 0.5 天，沽源县最少，为 0.1 天(图 3.3)。

3.1.2.2 最大日降水量分布特征

自有气象记录以来，最大日降水量 300 毫米以上的区域主要分布在西部太行山区、燕山东南部地区和中南部平原偏东地区(图 3.4)，邯郸市区最大为 518.5 毫米，出现在 1963 年 8 月 4 日。张家口、承德、保定西北部最大日降水量大多不足 150 毫米，其中，张家口大部分地区最大日降水量在 100 毫米以下，宣化最小，为 65.4 毫米，出现在 1995 年 7 月 29 日。

3.1.2.3 最大年暴雨日数分布特征

自有气象记录以来以来，最大年暴雨日数大值区主要出现在秦皇岛、唐山北部、沧州大部、保定东部和太行山沿山地区，其中秦皇岛市区、唐山迁安、邢台威县和邯郸临漳最大年暴雨日数最多，为 9 天。张家口各县(市、区)最大年暴雨日数均在 2 天以下，沽源最少，仅为 1 天(图 3.5)。

3.1.2.4 开始结束时间特征

河北省暴雨开始时间东南早、西北晚(图 3.6)，不同地区最早开始时间相差 141 天，唐山、秦皇岛及中南部地区最早于 3—4 月出现暴雨，其中邯郸广平、大名和魏县最早，3 月 3 日(2007 年)便出现过暴雨。张家口大部、承德西北部最早于 6 月下旬到 7 月下旬才开始出现暴雨，沽源最晚，7 月 22 日(1994 年)才出现暴雨。

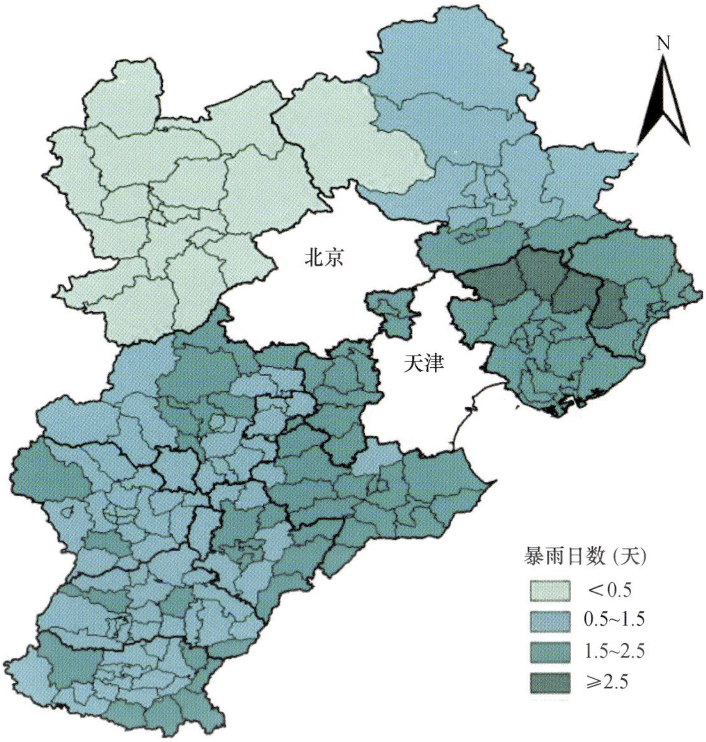

图 3.3 1974—2018 年河北省年平均暴雨日数分布图

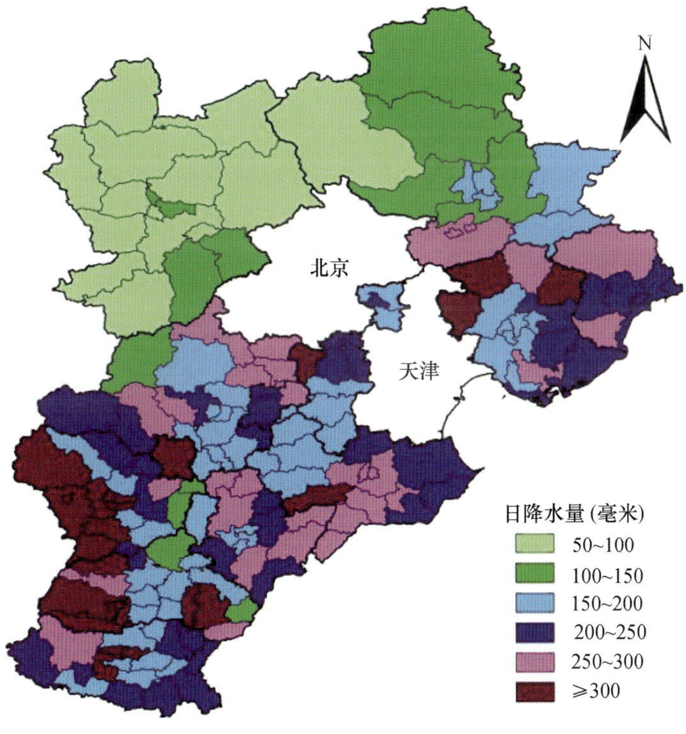

图 3.4 有气象记录以来至 2018 年河北省最大日降水量分布图

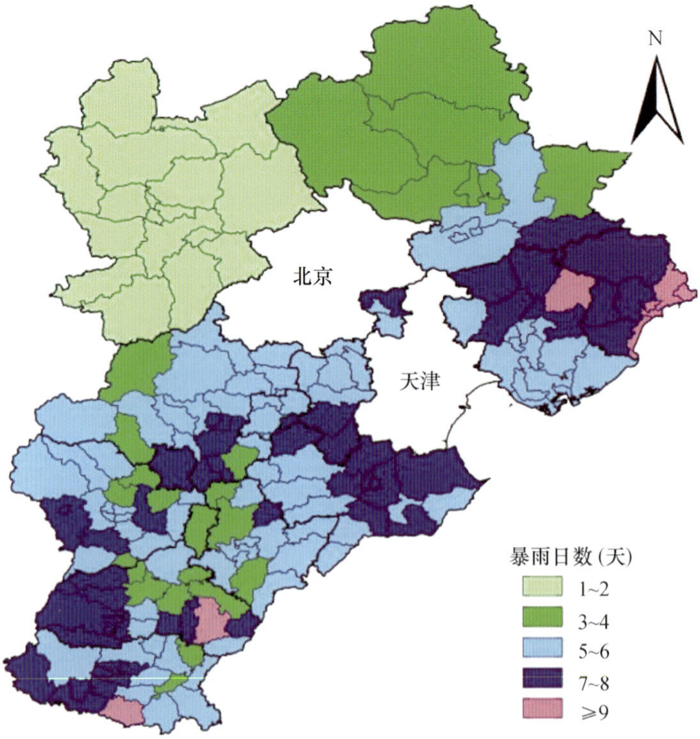

图 3.5 有气象记录以来至 2018 年河北省最大年暴雨日数分布图

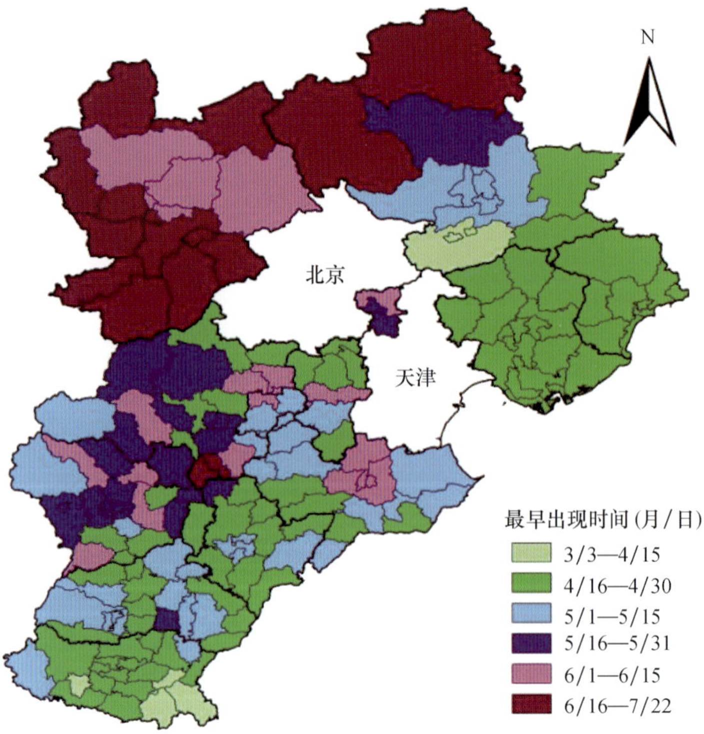

图 3.6 1974—2018 年河北省暴雨最早开始时间分布图

暴雨结束时间西北早、东南晚(图 3.7),不同地区最晚结束时间相差 83 天。张家口大部分地区暴雨最晚结束于 8 月,崇礼和沽源最早,暴雨最晚结束日期分别为 1972 年 8 月 14 日和 1973 年 8 月 14 日。唐山、秦皇岛、廊坊北部和石家庄市区暴雨最晚结束于 11 月上旬,高邑最晚,11 月 5 日(1972 年)还出现过暴雨。

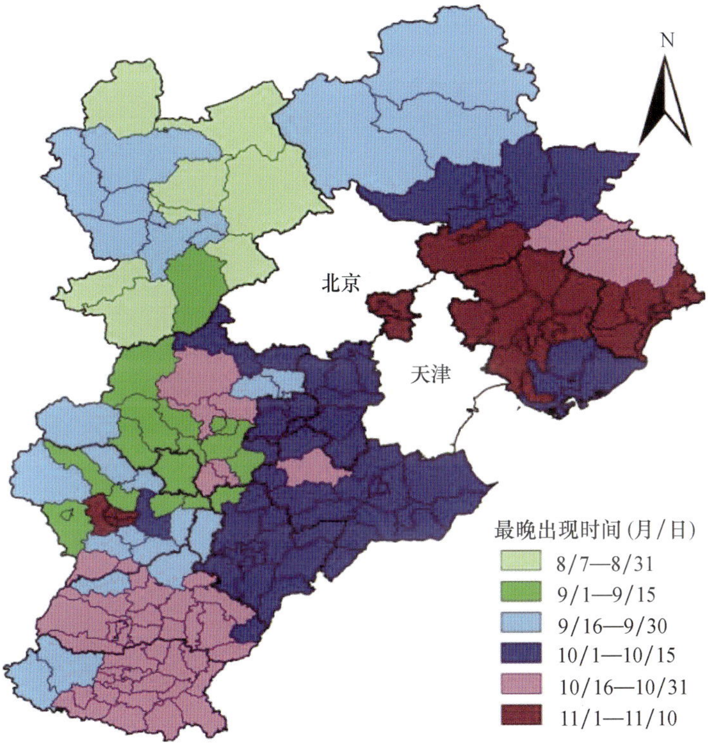

图 3.7 1974—2018 年河北省暴雨最晚结束时间分布图

3.1.3 典型个例

自有气象记录以来,河北省出现了“63・8”“96・8”“12・7”“16・7”等影响较大的暴雨过程。

1963 年 8 月 1—10 日,全省平均过程降水量 321.4 毫米,500 毫米以上降水量覆盖面积 42570 平方千米。全省有 12 个气象观测站过程降水量在 1000 毫米以上,邢台内邱的獐獏乡最大,为 2051 毫米,创中国内陆单站过程降水量最高纪录。日降水量最大为 518.5 毫米,于 3 日 20 时—4 日 20 时出现在邯郸市。受暴雨影响,滏阳河流域水势凶猛,致使冀南、冀中、天津市南郊等广大地区一片汪洋。漳卫河、子牙河、大清河三大河系堤防决口 2396 处,支流河道决口 4439 处。据《中国气象灾害大典・河北卷》记载,由于连降暴雨,邯郸、邢台、石家庄等地 101 个县遭受洪水灾害,进水县城 36 座,受灾面积 317 万公顷,成灾面积 249 万公顷,倒塌房屋 12651881 间,冲毁桥梁 32 座、县以上公路 6700 多千米,74 个县(市)交通中断,受灾人口 2246 万人,直接经济损失 59.3 亿元。

1996年8月2—5日,全省平均降水量为122.4毫米,邢台、邯郸、石家庄、保定4个市15个县(市)过程降水量在200毫米以上,邢台西部的临城、沙河降水量300毫米左右。过程降水量最大为670.0毫米,出现在石家庄井陉的微水水文雨量站;日降水量最大为413.3毫米,于3日20时—4日20时出现在石家庄井陉县。据《中国气象灾害大典·河北卷》记载,此次过程造成朱庄、临城2个大水库、4个中型水库、51个小水库全部溢洪下泄,部分河道因超过泄洪能力造成洪水泛滥,道路冲毁,村庄农田被淹,损失惨重。这次特大洪涝灾害涉及全省113个县1052个乡镇15900个村庄,受灾人口1618.89万人,农作物受灾面积128.86万公顷,直接经济损失456.3亿元。

2012年7月21—22日,全省平均降水量为60.2毫米,保定、廊坊、承德、张家口、唐山、衡水、秦皇岛、沧州、石家庄等9个设区市的58个县(市、区)遭受洪涝、风雹灾害。此次过程降水量最大为372.6毫米,出现在廊坊固安县;日降水量最大为366.7毫米,于21日20时—22日20时出现在廊坊固安县。据民政部门统计,此次暴雨洪涝灾害共造成全省58个县(市、区)的259.1万人受灾,倒塌房屋1.89万间,农作物受灾面积161.7万公顷,直接经济损失122.87亿元。

2016年7月18—21日,全省平均降水量为146.0毫米,除张家口北部和西南部、承德北部外,其他大部分地区过程降水量在50毫米以上,覆盖面积占全省总面积的85%。全省有82个县(市)过程降水量超过100毫米,其中仅7月20日一天就有119个县(市)降水量达到暴雨量级,为有气象记录以来暴雨覆盖范围之最。过程降水量最大为816.5毫米,出现在石家庄赞皇的嶂石岩乡;日降水量最大为273.3毫米,于18日20时—19日20时出现在邯郸武安市。受强降水影响,石家庄、邢台和邯郸西部的太行山山区和唐山、秦皇岛北部的燕山山区暴发山洪。河北省境内漳卫南运河系、子牙河系、大清河系水势普遍上涨。18座大中型水库因超汛限水位而提闸放水,126座小型水库蓄满溢流。宁晋泊、大陆泽、永年洼3处蓄滞洪区被启用。受暴雨洪涝影响,34座小型水库不同程度受损,13处河流支流决口,发生24起小型地质灾害,城市内涝严重。据民政部门统计,"16·7"特大暴雨洪涝灾害共造成全省152个县(市、区)的1043.6万人受灾,紧急转移安置41.8万人,倒塌房屋10.2万间,严重损坏房屋12.3万间,损毁公路7343千米、桥梁940座、涵洞2761道,输电线路倒杆20841基,断线12256处,农作物受灾面积89.0万公顷,直接经济损失574.6亿元。

3.2 干旱

干旱是指某地在某一时段内的降水量比其多年平均降水量显著偏少,导致经济活动(尤其是农业生产)和人类生活受到较大危害的现象。

河北省各地多年平均降水量在300~700毫米之间,受大陆性季风气候影响,河北大部分地区年降水量不足,降水变率大,季节分布不均,春旱、初夏旱、伏旱、秋旱发生频繁,其中又以春旱最为频繁,素有"十年九春旱"之说。

为描述干旱特征,采用气象干旱综合监测指数(MCI)定义干旱日,该指数综合考虑了60

天内有效降水和蒸发的影响，以及季度尺度和近半年尺度降水长期亏缺的影响，以标准化降水指数、湿润度指数和降水量为基础，滚动计算每天综合干旱指数，逐日的MCI指数计算公式为：

$$MCI = K_a \times (a \times SPIW_{60} + b \times MI_{30} + c \times SPI_{90} + d \times SPI_{150})$$

式中$SPIW_{60}$为近60天的标准化权重降水指数；MI_{30}为近30天的相对湿润度指数；SPI_{90}、SPI_{150}分别为近90天和近150天的标准化降水指数；a、b、c、d为权重，北方地区a、b、c、d分别取0.3、0.5、0.3、0.2；K_a为季节调节系数，根据不同季节各地主要农作物生长发育阶段对土壤水分的敏感程度确定，河北省1—12月取值分别为0.4、0.8、1.0、1.2、1.2、1.2、1.2、1.0、1.0、0.8、0.6、0.4。气象干旱等级依据《气象干旱等级》(GB/T 20481—2017)划分(表3.1)。

表3.1　气象干旱综合指数等级划分表

等级	类型	MCI	干旱影响程度
1	无旱	$-0.5<MCI$	地表湿润，作物水分供应充足；地表水资源充足，能满足人们生产、生活需要
2	轻旱	$-1.0<MCI\leqslant-0.5$	地表空气干燥，土壤出现水分轻度不足，作物轻微缺水，叶色不正；水资源出现短缺，但对生产、生活影响不大
3	中旱	$-1.5<MCI\leqslant-1.0$	土壤表面干燥，土壤出现水分不足，作物叶片出现萎蔫现象；水资源短缺，对生产、生活造成影响
4	重旱	$-2.0<MCI\leqslant-1.5$	土壤水分持续严重不足，出现干土层(1～10厘米)，作物出现枯死现象；河流出现断流，水资源严重不足，对生产、生活造成较重影响
5	特旱	$MCI\leqslant-2.0$	土壤水分持续严重不足，出现较厚干土层(大于10厘米)，作物出现大面积枯死；多条河流出现断流，水资源严重不足，对生产、生活造成严重影响。

3.2.1　干旱时间分布特征

3.2.1.1　年分布特征

1974—2018年，河北省干旱日数多年平均值为141天，年际之间差异较大，1990年干旱日数最少，为32天，1999年最多，达248天。20世纪80年代和90年代干旱日数多，年平均干旱日数达150天左右。21世纪以来，河北省干旱日数有所减少，年平均干旱日数为134天(图3.8)。

3.2.1.2　月分布特征

河北省各月均有干旱发生。1974—2018年，春季(3—5月)和秋季(9—11月)干旱日数较多，全部在11天以上，其中4月最多(13.7天)，约占全年干旱日数的9.8%；夏季(6—8月)和冬季(12月—次年2月)干旱日数较少，除6月12.1天、7月11.3天以外，其余月份全部低于11天，1月最少，为9.9天，约占全年干旱日数的7.1%(图3.9)。

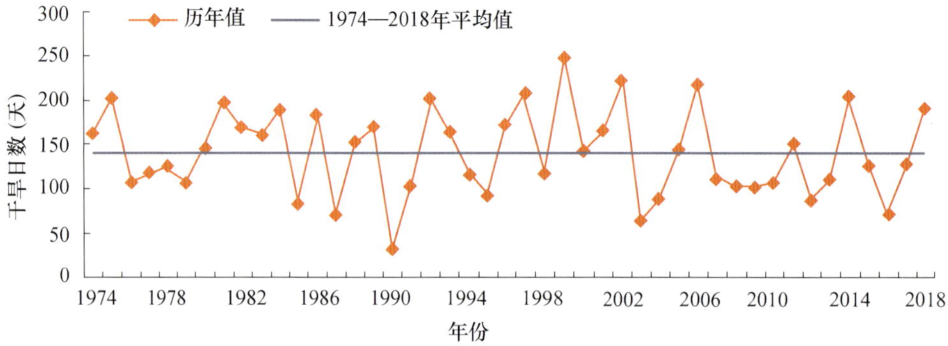

图 3.8　1974—2018 年河北省逐年干旱日数情况

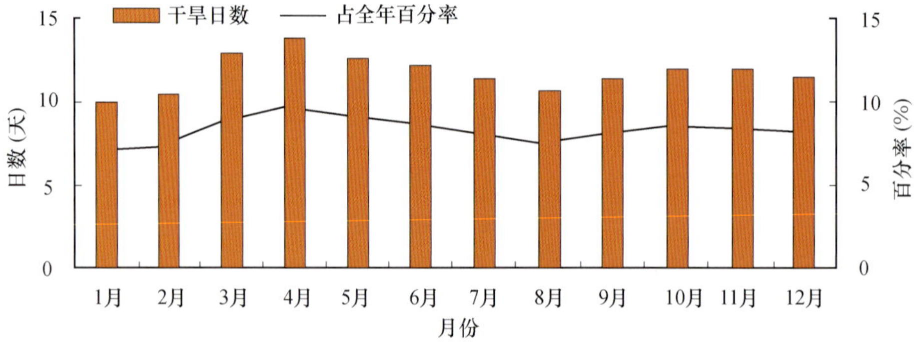

图 3.9　1974—2018 年河北省逐月平均干旱日数情况

3.2.2　干旱空间分布特征

3.2.2.1　干旱日数分布特征

1974—2018 年,河北省多年平均干旱日数空间分布为南多北少。张家口北部和承德中部干旱日数最少,不足 120 天;张家口中部、秦皇岛中南部和唐山大部年平均干旱日数在 130～140 天之间;太行山山前平原地区为河北省的干旱多发区,年平均干旱日数普遍在 140 天以上,中旱以上日数普遍超过 60 天,部分地区重旱以上日数超过 20 天,特旱以上日数超过 4 天(图 3.10)。

3.2.2.2　最长连续干旱日数分布特征

最长连续干旱日数和最长连续无降水日数反映了一个地方干旱发生的极端情况,对当地工农业生产和人们生活影响巨大。从各地最长连续干旱日数来看(图 3.11),太行山山前平原地区最长连续干旱日数普遍在 200 天以上,局部地区超过 300 天。全省各地最长连续无降水日数在 41～152 天,张家口大部、承德南部、唐山南部地区小于 100 天,其他地区普遍在 100 天以上(图 3.12)。

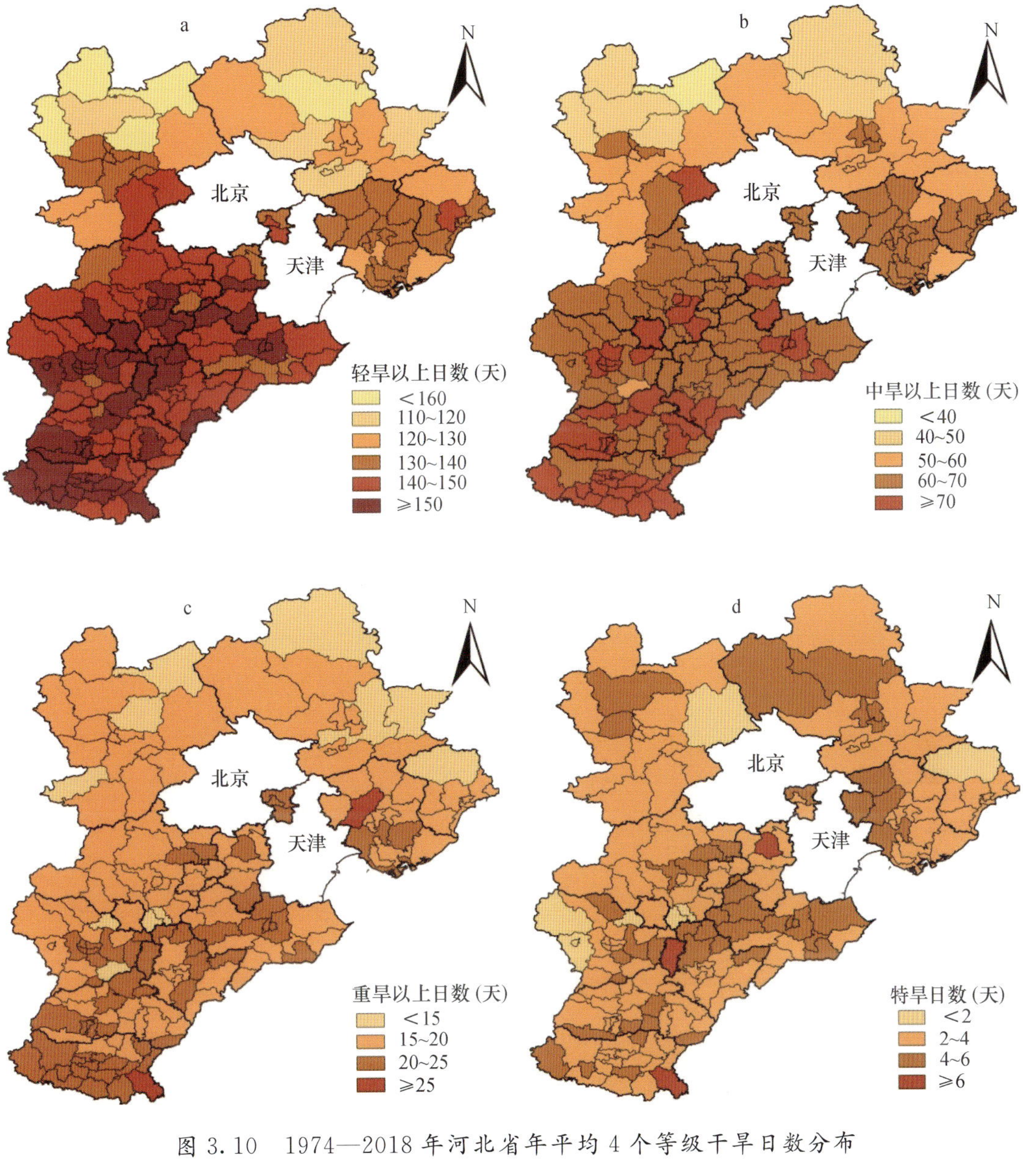

图 3.10　1974—2018 年河北省年平均 4 个等级干旱日数分布

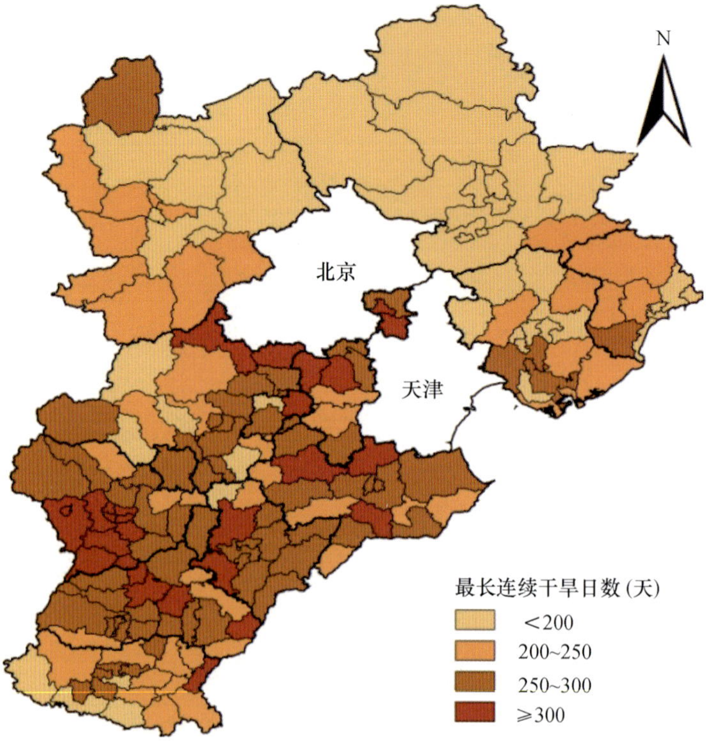

图 3.11 河北省最长连续干旱日数分布

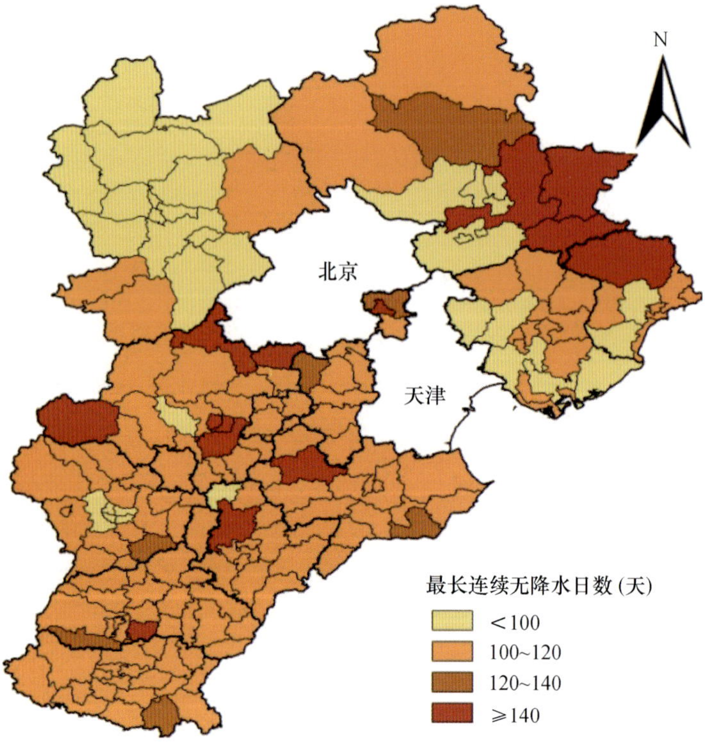

图 3.12 河北省最长连续无降水日数分布

3.2.3　典型个例

1992年，河北省遭受严重旱灾，邯郸、邢台、石家庄、衡水等7个地市受旱最重，多数地区是春旱接夏旱、秋旱乃至冬旱，持续了1年。全省约有6.7万公顷耕地自春至秋撂荒了一年，玉米多是尺把高，花生不升秧，山药不串蔓，谷子没有穗。太行山、燕山、冀西北山区的3300个村160万人、29万头大牲畜发生饮水困难，平原地区有的地方凭水票供水。

1997年，河北省出现了全省范围的特大干旱，为春夏秋连旱，全省农作物受旱面积343.9万公顷，农作物成灾面积268.5万公顷。长期干旱导致地下水位明显下降，大量机井抽水不足或无水可抽，部分城乡居民饮用水短缺。

2000年，河北省春季气温明显偏高，降水严重偏少，且多大风天气，土壤失墒严重，出现了严重春旱。春旱造成地下水位持续下降，14万眼机井抽水不足或无水可抽，119万人、22万头牲畜发生临时性饮水困难。

3.3　大风

风即空气的流动现象，气象学中常指空气相对于地面的水平运动，它是一个同时具有大小和方向的量，用风速（或风力）和风向表示（表3.2）。当瞬时风速≥17.2米/秒，即风力达到8级以上时，称作大风。

表3.2　风力等级表

风级	名称	风速（米/秒）	陆地地面物象	海面波浪	浪高（米）	最高（米）
0	静风	0.0～0.2	静，烟直上	平静	0.0	0.0
1	软风	0.3～1.5	烟示风向	微波，峰无飞沫	0.1	0.1
2	轻风	1.6～3.3	感觉有风	小波，峰未破碎	0.2	0.3
3	微风	3.4～5.4	旌旗展开	小波，峰顶破裂	0.6	1.0
4	和风	5.5～7.9	吹起尘土	小浪，白沫波峰	1.0	1.5
5	清劲风	8.0～10.7	小树摇摆	中浪，折沫峰群	2.0	2.5
6	强风	10.8～13.8	电线有声	大浪，白沫离峰	3.0	4.0
7	疾风	13.9～17.1	步行困难	破峰，白沫成条	4.0	5.5
8	大风	17.2～20.7	折毁树枝	浪长高，有浪花	5.5	7.5
9	烈风	20.8～24.4	小损房屋	浪峰倒卷	7.0	10.0
10	狂风	24.5～28.4	拔起树木	海浪翻滚咆哮	9.0	12.5
11	暴风	28.5～32.6	损毁重大	波峰全呈飞沫	11.5	16.0
12	飓风	32.7～36.9	摧毁极大	海浪滔天	14.0	—
13		37.0～41.4				
14		41.5～46.1				
15		46.2～50.9				

续表

风级	名称	风速(米/秒)	陆地地面物象	海面波浪	浪高(米)	最高(米)
16		51.0～56.0				
17		56.1～61.2				

注:本表所列风速是指平地上离地 10 米处的风速值。

大风对林业、农业、建筑物、航运、渔业、电力、高空作业、旅游业等均有影响。大风可能刮折树木,甚至将树木连根拔起,进而砸中行人或车辆等;可能损毁农业设施大棚棚膜、棚架等;风雨交加时,可能造成大田作物出现大面积倒伏;可能吹倒广告牌等临时建筑物或刮掉楼顶彩钢屋顶。风力较大时,可能对船舶出行和渔业生产造成影响;可能刮倒电线杆,影响正常供电。发布大风预警时,旅游景区索道等设施也会停止使用,可能造成严重后果时,整个景区会关闭使用。大风还可能引起沿海的风暴潮、助长火灾等。

河北省大风可分为冬春季系统性大风和春末到夏季雷雨大风。相对系统性大风而言,雷雨大风因其突发性强、风速大,再加上可能伴随短时强降水,造成的危害更大。

3.3.1 大风时间分布特征

3.3.1.1 年分布特征

1974—2018 年,河北省年平均出现大风 9.6 天,大风日数整体呈现出逐渐减少的趋势,1974 年最多,为 20.6 天,2014 年最少,仅 3.6 天(图 3.13)。

3.3.1.2 月分布特征

河北省各月都会有大风出现,3—5 月大风日数较多,4 月最多,占全年的 19.6%;8—10 月大风日数较少,9 月最少,占全年的 2.4%(图 3.14)。

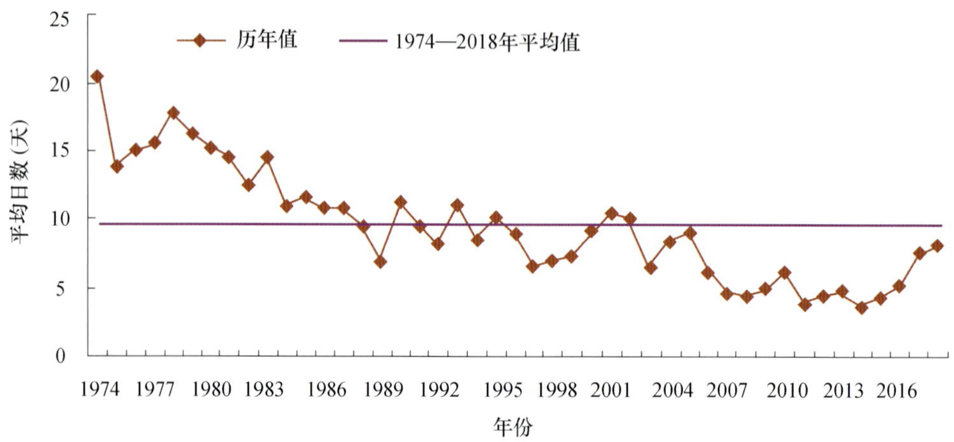

图 3.13 1974—2018 年河北省逐年平均大风日数

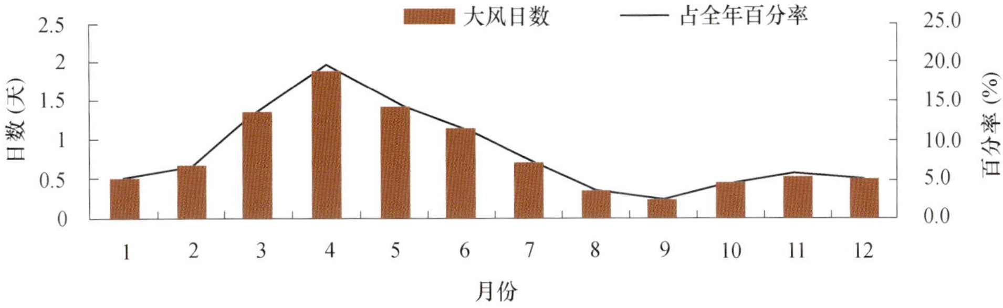

图 3.14 1974—2018 年河北省逐月平均大风日数

3.3.2 大风空间分布特征

3.3.2.1 大风日数分布特征

1974—2018 年，张家口、承德、保定西部和沧州东部地区年平均大风日数较多，大多在 11 天以上，张家口康保最多，为 47.1 天。其余地区大风日数大多在 10 天以下，邯郸曲周最少，仅 2.6 天（图 3.15）。

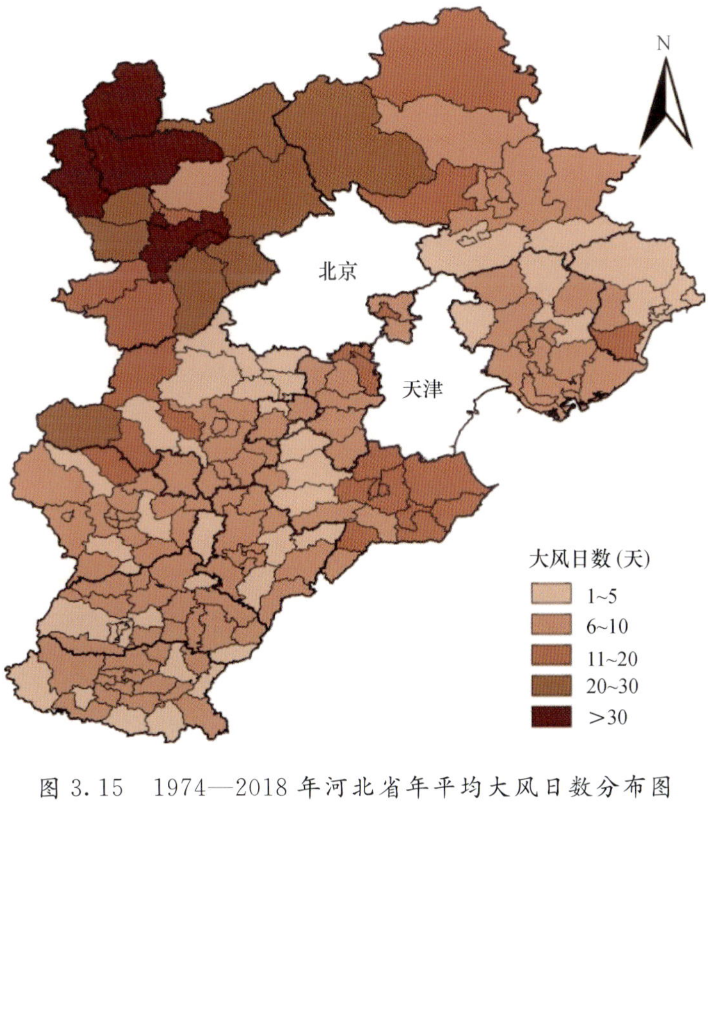

图 3.15 1974—2018 年河北省年平均大风日数分布图

3.3.2.2 年最多大风日数分布特征

1974—2018 年,河北省西北部地区的年最多大风日数较大(图 3.16),大多在 50 天以上,张家口康保、宣化、丰宁、张北、尚义在 70 天以上,康保最多,达 81 天,出现在 1974 年。其余地区较少,大多在 40 天以下,其中,邯郸曲周最少,仅 10 天,出现在 2005 年。

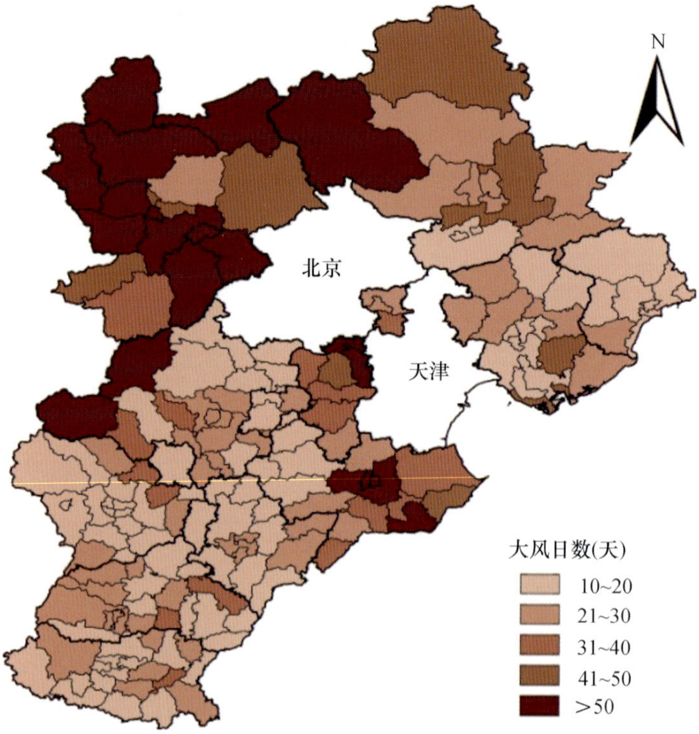

图 3.16 1974—2018 年河北省年最多大风日数分布图

3.3.2.3 最大风力分布特征

1974—2018 年,河北省大部分地区最大风力等级在 10 级及以上(图 3.17),14 个县(市、区)在 12 级及以上,承德丰宁县 2017 年 7 月 7 日出现 13 级大风(39.3 米/秒),为全省最大。

3.3.3 典型个例

1990 年 7 月 15 日,沧州黄骅市遭受大风袭击,阵风风力达 12 级以上,并伴有暴雨和冰雹。受其影响,农作物受灾面积为 28299.4 公顷,成灾面积为 5436.7 公顷,刮倒电线杆 2924 根,刮塌房屋 187 间,刮倒围墙 17736 米,损坏房屋 67404 间,11 人受伤,直接经济损失 5000 多万元。

2010 年 3 月 20 日,邢台市巨鹿县出现西北大风天气,大风过程持续了十几个小时,阵风风力在 10 级以上,致使 828 个果蔬大棚受灾,电力设施和家用电器受损严重,路边广告牌、树木被毁,受灾严重的官亭镇、闫疃镇、西郭城镇、观寨乡、苏营乡、张王疃乡 6 个乡镇,重受灾面积达 253.3 公顷,造成直接经济损失 2316 万元。

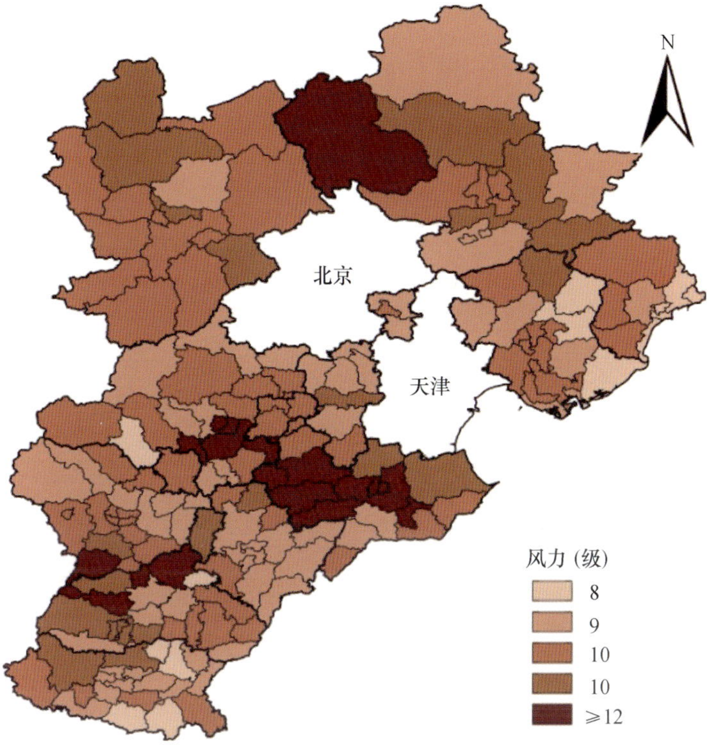

图 3.17　1974—2018 年河北省最大风力等级分布图

3.4　冰雹

冰雹是指坚硬的球状、锥状或形状不规则的固态降水，雹核一般不透明，外层为透明的冰层，或由透明的冰层与不透明的冰层相间组成。冰雹大小差异大，大的直径可达数十毫米。

冰雹是在强对流天气形势下产生的，常伴随雷暴、大风等灾害性天气，是河北省春末和夏季的主要气象灾害之一。冰雹天气虽然影响范围小，出现时间短，但往往来势猛，强度大，常伴有狂风骤雨，导致农作物减产甚至绝收，造成较大经济损失，此外冰雹还会对畜牧养殖业、交通运输、电力和通讯设备等造成不同程度的威胁。

3.4.1　冰雹时间分布特征

3.4.1.1　年分布特征

1974—2018 年，河北省年平均冰雹日数 0.9 天，最多为 2.3 天，出现在 1990 年，最少为 0.3 天，出现在 2017 和 2018 年。冰雹日数整体呈波动下降趋势，特别是 2006 年以来，河北省年平均冰雹日数一直小于 0.6 天(图 3.18)。

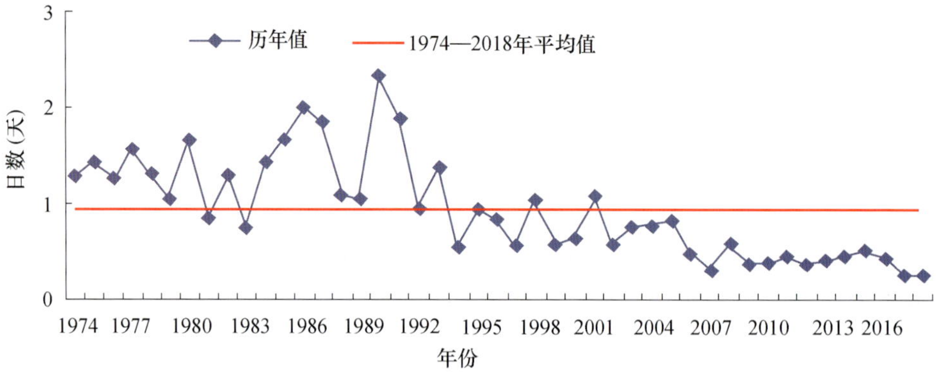

图 3.18　1974—2018 年河北省逐年平均冰雹日数

3.4.1.2　月分布特征

河北省冰雹天气出现在 3—11 月，其中，5—7 月最多，冰雹日数占总日数的 65.8%，特别是 6 月，占总日数的 29.8%(图 3.19)。

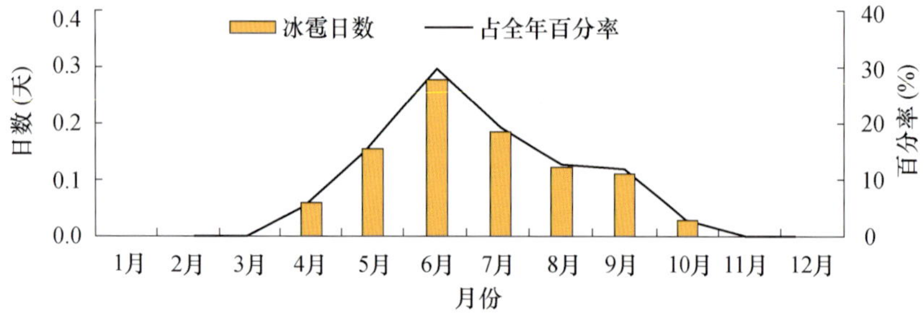

图 3.19　1974—2018 年河北省逐月平均冰雹日数

3.4.1.3　日变化特征

白天，大部分冰雹出现在午后到傍晚(图 3.20)，13—19 时冰雹出现次数占总次数的 67.4%，16 时冰雹出现次数最多，占总次数的 13.7%；夜间(20 时—次日 08 时)冰雹次数占总次数的 19.2%。

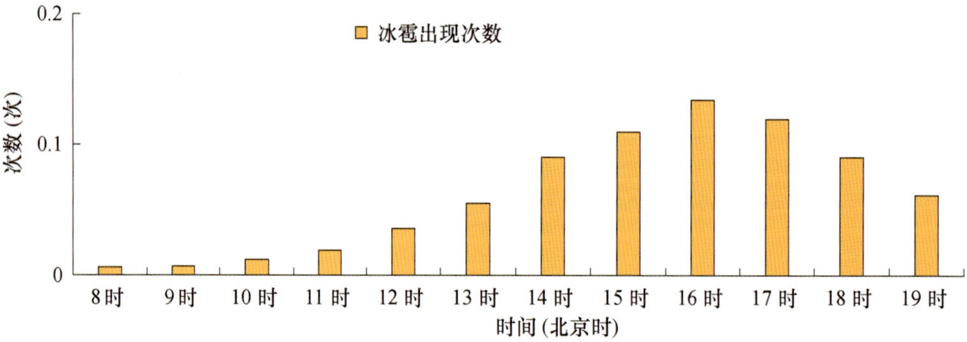

图 3.20　1974—2018 年河北省逐时平均冰雹出现次数

(注：由于夜间不记录冰雹起止时间，故图中仅给出白天逐时冰雹分布)

3.4.2　冰雹空间分布特征

3.4.2.1　冰雹日数空间分布特征

河北省的冰雹空间分布由西北向东南逐渐减少，总体上，北部多于南部，西部多于东部，山区多于平原。张家口、承德、保定西北部冰雹日数较多，大多在2天以上，其中，张家口尚义、沽源、崇礼和康保在3.5天以上。其余大部地区在2天以内，东南部平原地区较少，大多不足0.5天，邯郸广平、大名、成安和曲周最少，不足0.2天(图3.21)。

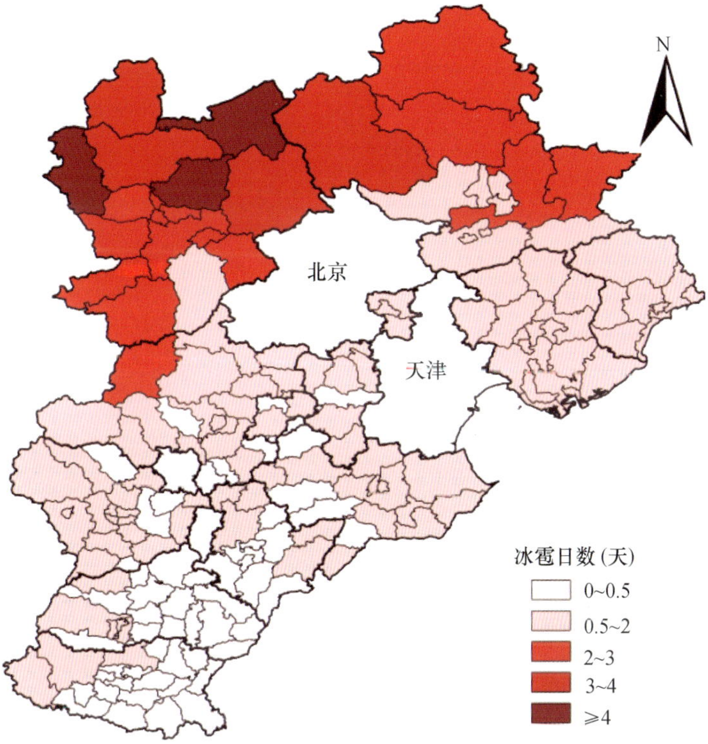

图3.21　1974—2018年河北省年均冰雹日数分布图

3.4.2.2　年最大冰雹日数分布特征

河北省年最大冰雹日数西北多，东南少。张家口、承德、保定西北部、唐山部分地区年最大冰雹日数在6天以上，其中，张家口北部6个县(市、区)年降雹日数在11天以上，崇礼最多，为15天，其他大部分地区在5天以内，南部偏东部分县(市、区)最少，年降雹日数仅1～2天(图3.22)。

3.4.2.3　冰雹最长持续时间特征

河北省冰雹最长持续时间北长南短，张家口大部分地区、承德、唐山北部、秦皇岛北部、沧州东部等地冰雹最长持续时间在30分钟以上；保定南部、沧州南部及以南大部分地区在20分钟以内，个别地区甚至不足10分钟(图3.23)。

3.4.2.4　最早最晚出现时间

河北省冰雹开始时间北早南晚(图3.24)，最早开始日期为3月12日，于1961年出现在承德市区。

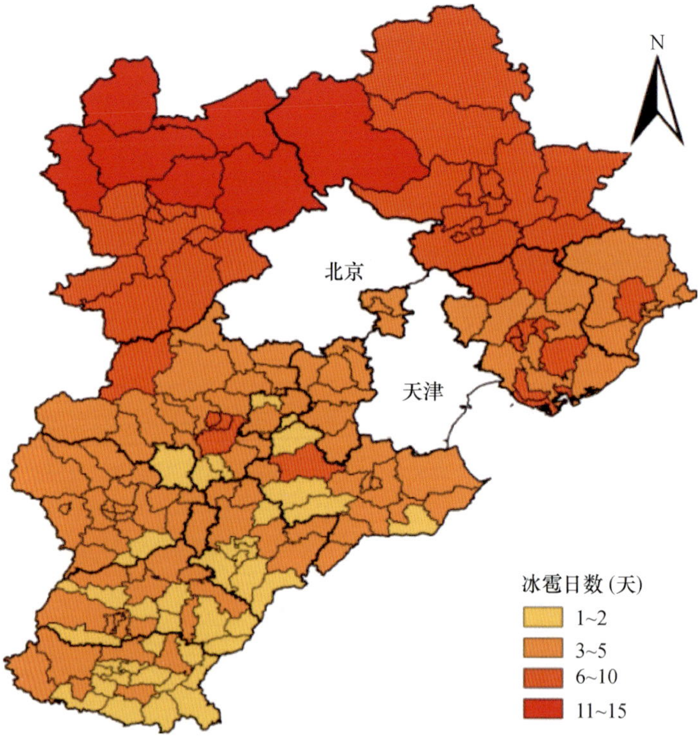

图 3.22　建站至 2018 年河北省年最大冰雹日数分布图

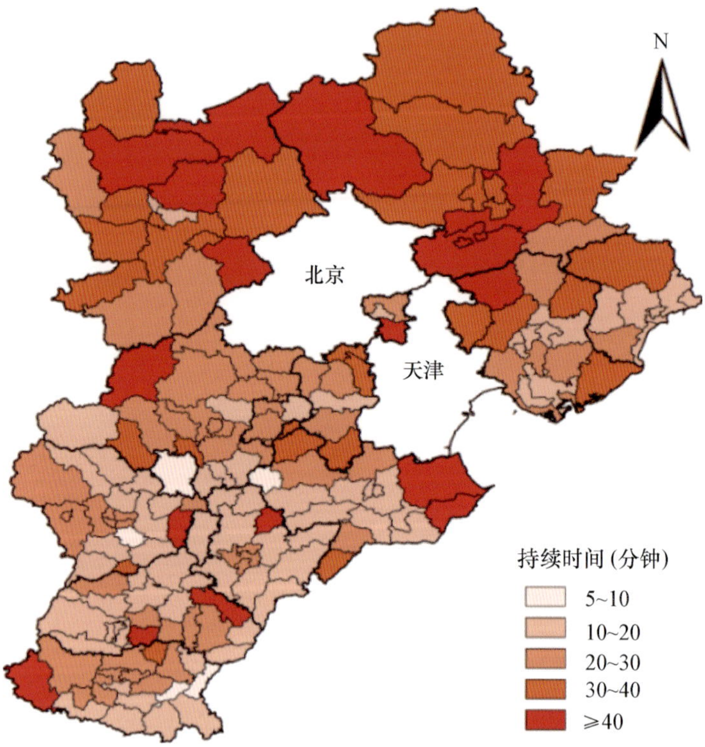

图 3.23　建站至 2018 年河北省最大冰雹持续时间分布图

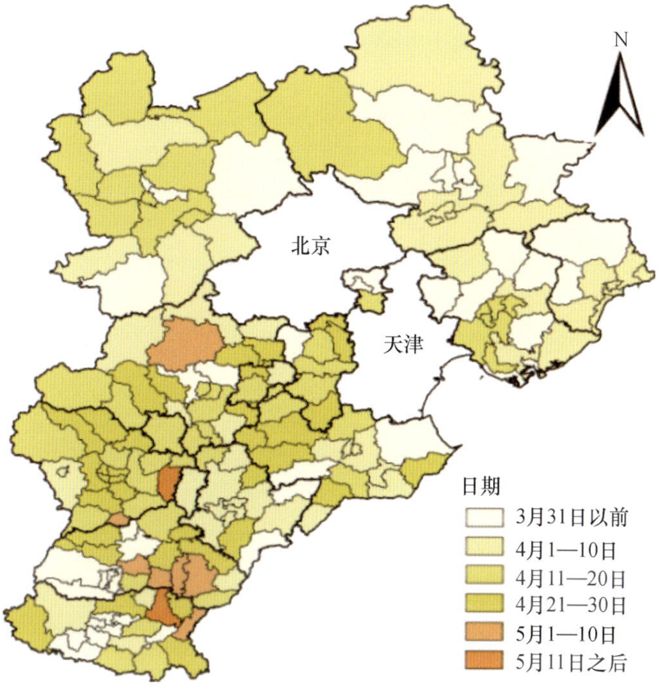

图 3.24 建站至2018年河北省冰雹最早开始日期分布图

河北省冰雹结束时间北晚南早(图 3.25),最晚结束日期为 11 月 20 日,于 1971 年出现在秦皇岛抚宁、昌黎和承德兴隆三地。

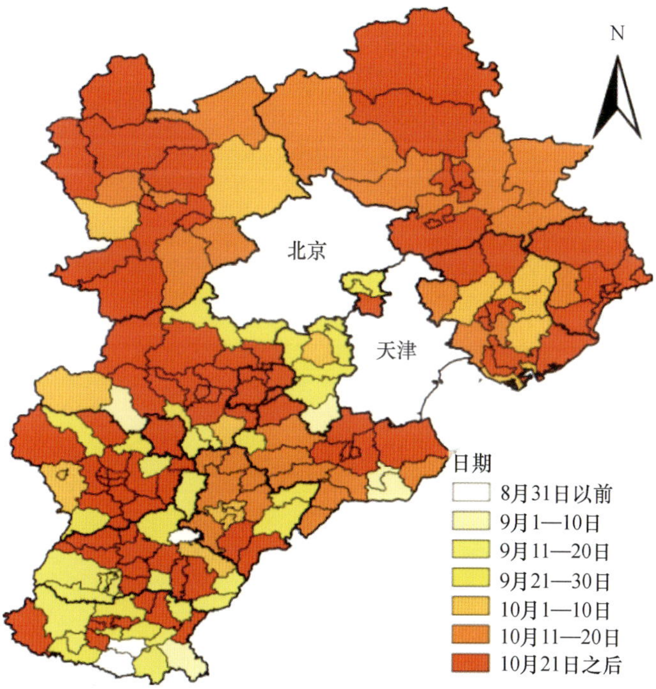

图 3.25 建站至2018年河北省冰雹最晚结束日期分布图

3.4.3 典型个例

1991 年 7 月 8—9 日,河北省除承德地区外,有 41 个县(市)不同程度遭受风雹袭击,降雹持续 3～35 分钟,冰雹直径最大 32～53 毫米,风力 8～10 级,广平县积雹最厚达 33 毫米。这次风雹共造成 27.6 万公顷农作物倒伏、折断或砸成光杆,69.1 万棵大树被刮倒,4 万间房屋倒塌或受损;砸伤 2887 人,死亡 8 人。

2018 年 6 月 11—14 日,河北省有 22 个县(市、区)出现冰雹,96 个县(市、区)出现 8 级以上大风。据长城网、衡水新闻网、搜狐网等媒体报道,保定博野县、衡水深州市、冀州市等地冰雹如鸡蛋大小,树木、电线杆等被大风刮倒,楼房外墙被冰雹砸出坑,汽车玻璃被砸毁,瓜果被砸落、砸裂,部分即将收割的小麦被砸掉籽粒,一些村民被砸伤。据统计,此次风雹天气造成石家庄、保定、衡水、邢台、张家口、承德等市的 23 个县(市、区)农作物受灾面积 35.4 千公顷,绝收面积 3.6 千公顷,直接经济损失约 8.3 亿元。

3.5 雷电

雷电是指积雨云内、云际或云地之间产生的剧烈放电现象。当雷电直接击在建筑物、大地或其他物体上,能产生巨大的电效应、热效应和机械力,导致人员伤亡、电力供应中断、建筑物损毁、森林火灾、电子信息系统毁坏等。

3.5.1 雷暴日数时间分布特征

3.5.1.1 年分布特征

1974—2018 年,河北省年平均雷暴日数 28.2 天,1990 年最多,为 43.3 天,2018 年最少,为 13.5 天。1974—1998 年河北省年平均雷暴日数以偏多为主,1999—2018 年河北省年平均雷暴日数以偏少为主(图 3.26)。

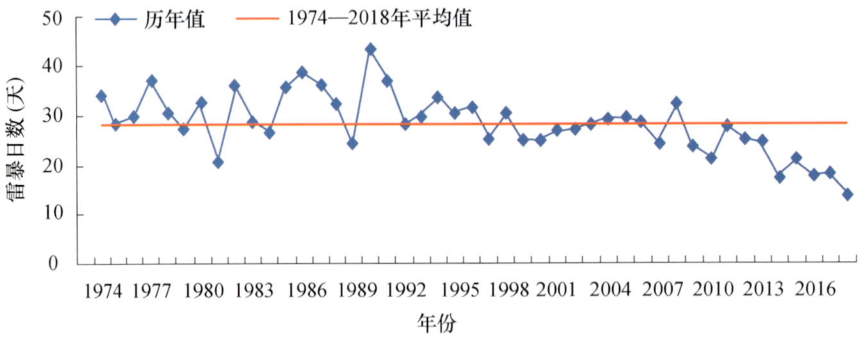

图 3.26 1974—2018 年河北省逐年平均雷暴日数

3.5.1.2 月分布特征

1974—2018年，河北省雷暴主要集中在夏季，占全年雷暴总日数的73.5%，春季占15.1%，秋季占11.4%，11月至次年3月几乎没有雷暴发生(图3.27)。

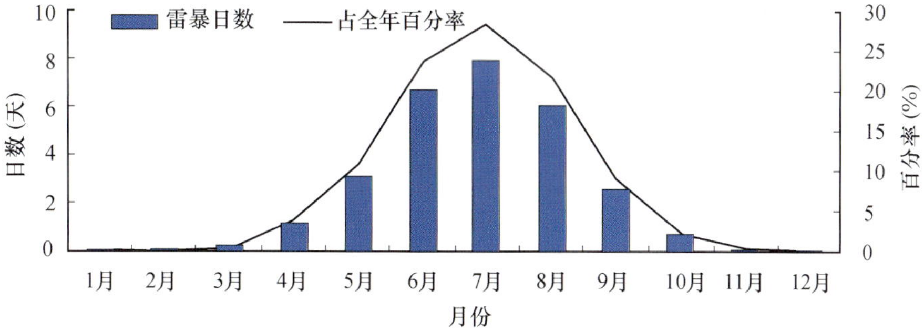

图3.27 1974—2018年河北省逐月平均雷暴日数

3.5.2 雷暴日数空间分布特征

河北省各地年雷暴日数在19～43天之间，雷暴日数山区、高原多，平原沿海地区少，呈现由山区向平原递减的趋势。山区、高原雷暴日数一般为35天以上，东南部平原地区均在30天以下，其中，石家庄、沧州以南偏东大部分地区雷暴日数不足25天(图3.28)。

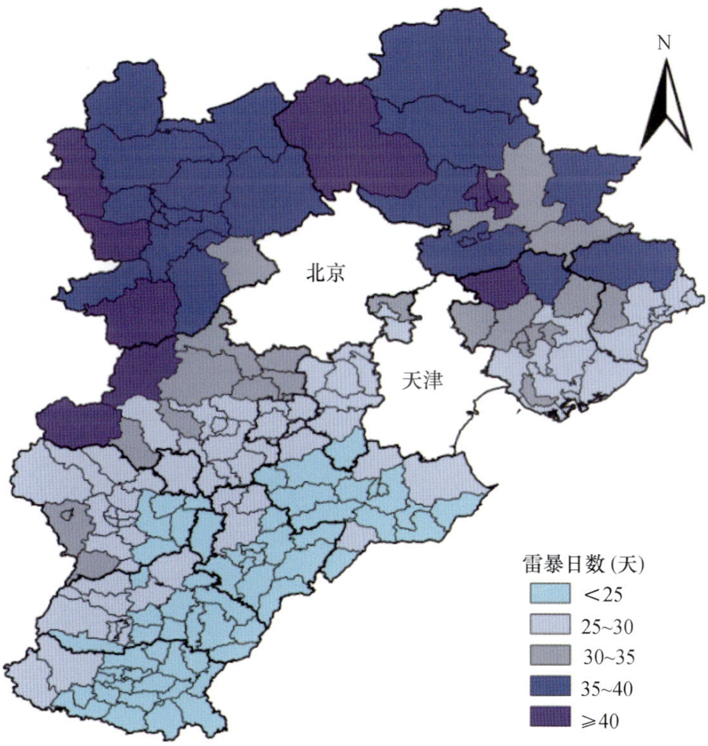

图3.28 1974—2018年河北省雷暴日数分布图

3.5.3 典型个例

雷电常常给人们带来各种危害,诸如击伤人畜,破坏输电、通信线路及建筑设施,引起森林起火等。河北省几乎每年都有雷击事件发生,有时损失相当严重。例如:2004年7月14日,峰峰矿区遭受雷雨天气,死亡5人,受伤14人;2006年6月14日,承德市山庄宾馆遭受雷击,击坏8个摄像头、24台电视机、5部电话机、2部电梯,直接经济损失9万元;2007年6月11日,张家口赤城县独石口镇发生雷击事件,致使2人死亡,3人受伤。

3.6 台风

台风是热带气旋的一种,热带气旋是指生成于热带或副热带洋面上,具有有组织的对流和确定气旋性环流的非锋面性涡旋的统称。根据中国气象局《热带气旋等级》国家标准(GB/T 19201—2006),热带气旋按底层中心附近最大平均风速划分为热带低压、热带风暴、强热带风暴、台风、强台风和超强台风6个等级(表3.3)。台风主要引发暴雨、大风和风暴潮灾害。

表3.3 热带气旋等级划分表

热带气旋等级	底层中心附近最大平均风速/(m/s)	底层中心附近最大风力/级
热带低压(TD)	10.8～17.1	6～7
热带风暴(TS)	17.2～24.4	8～9
强热带风暴(STS)	24.5～32.6	10～11
台风(TY)	32.7～41.4	12～13
强台风(STY)	41.5～50.9	14～15
超强台风(Super TY)	≥51.0	16或以上

北上台风是指进入以30°N为南界、以(30°N,125°E)和(35°N,130°E)连线为东南边界、以130°E为东界地区的热带气旋。本书中分析的北上台风除热带气旋外,还包括减弱的热带低压,即中心附近地面最大风力为6级以下,但仍维持低压环流。分析1949年以来影响河北的北上台风所经的区域,将32°N为南界、123°E为东界的区域定义为影响河北的北上台风关键区(简称关键区,以下同)。

3.6.1 台风时间分布特征

3.6.1.1 年(代)际分布特征

1949—2018年,进入关键区的北上台风共35个,平均2年一个,但年份分布不均(图3.29a)。1994年进入关键区北上台风最多达4个,其次是2018年有3个,其余年份有一个或无北上台风进入关键区。从年代际变化看(图3.29b),20世纪60年代、70年代、90年代较多，90 年代出现 7 次，50 年代和 80 年代较少，50 年代仅 3 次。2000 年到 2010 年有 5 次，为平均次数，2011 到 2018 年有 4 次。

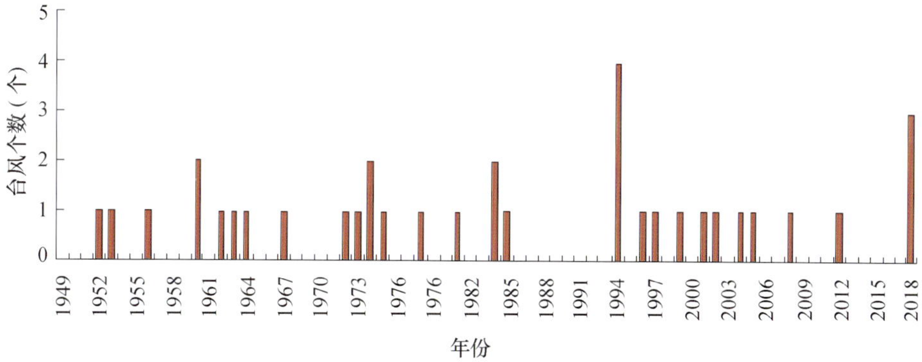

图 3.29a　1949—2018 年影响河北的北上台风个数分布

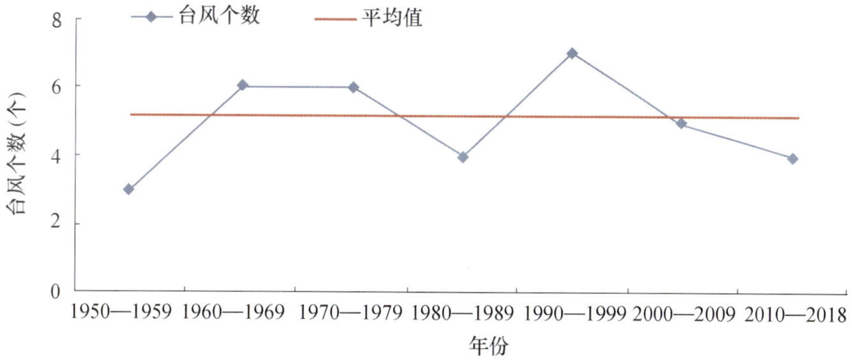

图 3.29b　1949—2018 年每 10 年影响河北的北上台风数量变化

3.6.1.2　月分布特征

1949—2018 年，有 35 个北上台风进入关键区影响河北，其中：7 月 14 个、8 月 19 个、9 月 2 个，分别占比为 40%、55% 和 5%，其中发生在"七下八上"（7 月 21 日—8 月 10 日）的有 21 个，约占 60%。可见北上台风影响河北的时间主要在 7—8 月，特别是 7 月下旬到 8 月上旬是重点时间段（图 3.30）。

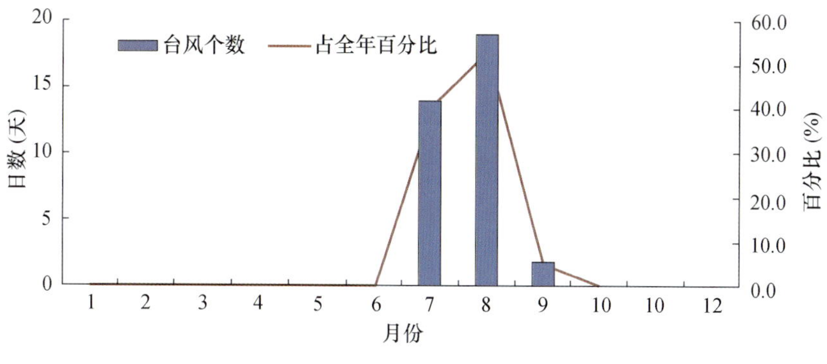

图 3.30　1949—2018 年影响河北的北上台风个数月分布

3.6.1.3 持续时间特征

35个进入关键区的北上台风在关键区内停留的时间,停留1天、2天以及3天及以上的分别为20个、5个以及3个,另外还有7个不足24小时,即北上台风影响河北的时间以1天为主,约占比57%。停留不足48小时的有27个,约占比77%,可见北上台风影响持续的时间大多不足2天。

3.6.2 台风空间分布特征

3.6.2.1 登陆地点

统计进入关键区的北上台风在中国大陆的首次登陆地点,在福建和浙江登陆的均为11个,其次是山东为7个,此外在江苏、上海以及辽宁登陆的分别为3个、2个和1个(图3.31)。

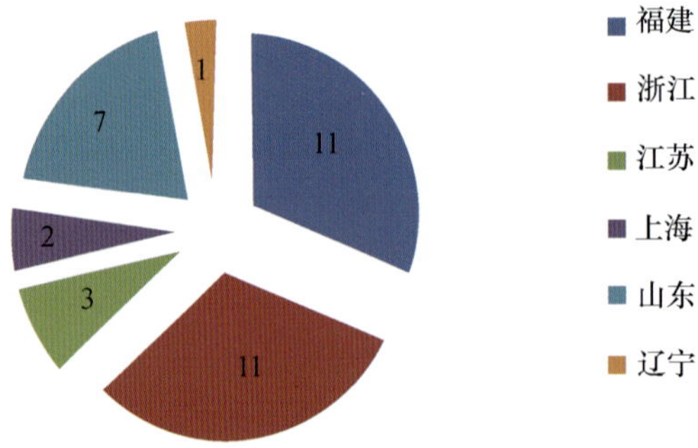

图3.31 1949—2018年影响河北的北上台风登陆地点分布图

3.6.2.2 台风强度

进入关键区的35个北上台风,首次在中国大陆登陆强度达台风级别以上的有15个,达强热带风暴级别的有12个(图3.32a),分别约占北上台风总数的43%和34%。而进入关键区后最高强度达台风级别的仅2个,约占6%。达强热带风暴和热带风暴的分别为9个和5个,而强度为热带低压和减弱热带低压的分别为9个和10个(图3.32b),分别占总次数的26%和28%。可见,北上台风进入关键区后强度明显减弱。

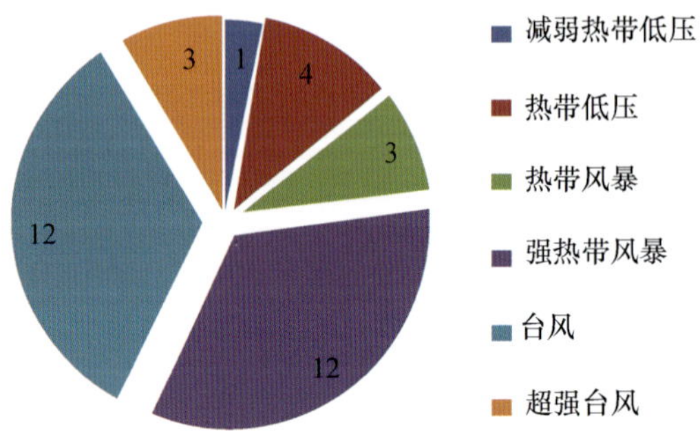

图3.32a 影响河北的台风首次在中国大陆登陆强度分布

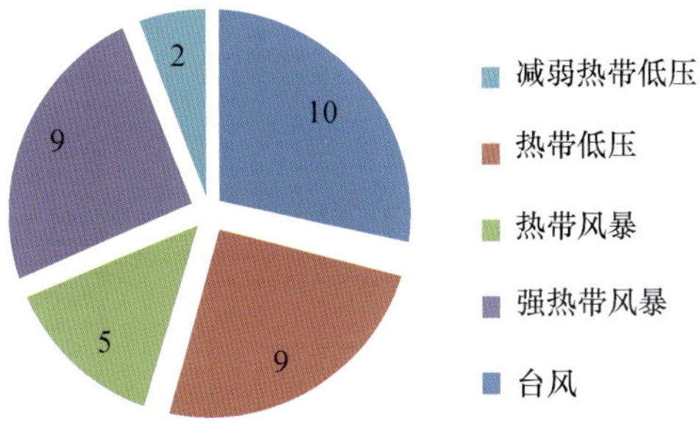

图 3.32b　影响河北的台风进入关键区时的强度分布

3.6.3　典型个例

1956 年 8 月 1 日，5612 号台风 WANDA（八一大台风）在浙江登陆，3 日之后经过安徽、河南、山西、陕西等省（图 3.33a）。受其外围云系影响，华北地区暴雨成灾，太行山麓的平山县狮子坪 24 小时降雨量 385 毫米，海河流域发生大洪水，河北省水淹面积 338.7 万公顷，水围村 7213 个，1500 万人受灾，京广铁路多处被冲毁，农作物成灾面积 195.7 万公顷，粮食减产 19.5 亿公斤，损坏水利工程 77808 处，直接经济损失 27 亿元。

1996 年 8 月 4—5 日，受 9608 号台风 HERB（图 3.33b）外围云团影响，邯郸、邢台、石家庄、保定等市连降大暴雨，51 个县（市）降水量超过 100 毫米，其中 20 个县（市）超过 200 毫米，4 个县（市）超过 400 毫米，处于暴雨中心位置的邢台野门沟水库降水量 616 毫米，井陉县微水站 670 毫米。区域性暴雨天气造成多地山洪暴发，河水猛涨，太行山区 11 座大型水库有 10 座溢洪，24 座中型水库有 21 座溢洪，全省 113 个县（市）1618.89 万人受灾，倒塌房屋 135.81 万间，造成直接经济损失 456.3 亿元。

1997 年 8 月 20 日，受 9711 号台风 WINNIE（图 3.33c）影响，河北省东部沿海出现区域性暴雨、大风天气，最大风力 11 级，沧州、唐山、秦皇岛沿海地区遭受新中国成立以来最强风暴潮袭击，海水越过防堤，使沿海村庄被淹，铁路、公路、桥涵、农田、果园、虾池、盐场等遭受严重破坏，直接经济损失超过 10 亿元。

(a) 1956年WANDA台风　(b) 1996年HERB台风　(c) 1997年WINNIE台风

图 3.33　三个典型台风路径图

3.7 高温

日最高气温达到或超过 35 ℃时称为高温。高温对人体健康有不利影响,可能导致中暑,诱发心脑血管疾病等。高温可能影响农作物正常生长发育,降低产量和品质。高温过程会加剧干旱的发生发展,造成农作物减产甚至绝收。高温会使用水量、用电量急剧上升,给人们生产、生活带来较大影响。

3.7.1 高温时间分布特征

3.7.1.1 年分布特征

1974—2018 年,河北省年平均高温日数为 10.4 天,1997 年最多,全省平均为 24.9 天,2008 年最少,全省年均仅为 3.0 天。1974—2018 年,高温日数呈增加趋势,1997 年之前高温日数相对较少,年平均高温日数不足 15 天;1997 年之后,年平均高温日数明显增加(图 3.34)。

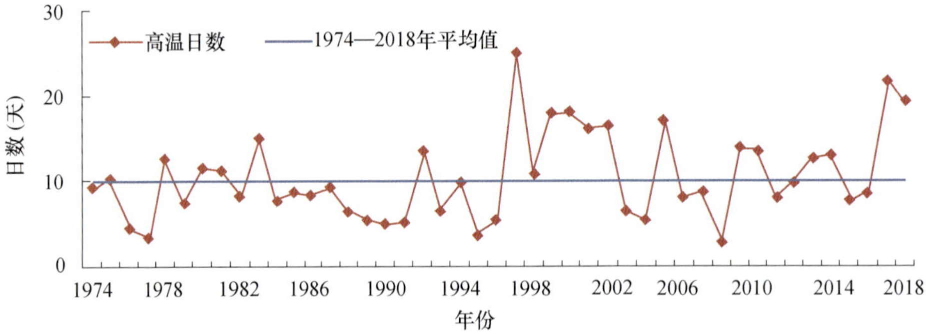

图 3.34 1974—2018 年河北省逐年平均高温日数分布

3.7.1.2 月分布特征

河北省高温主要出现在 5—9 月,6 月平均高温日数最多为 4.8 天,占全年的 46.2%,其次为 7 月 3.9 天占比 37.5%。5、8、9 月平均高温日数相对较少,以 9 月份最少,仅占全年 0.5%(图 3.35)。

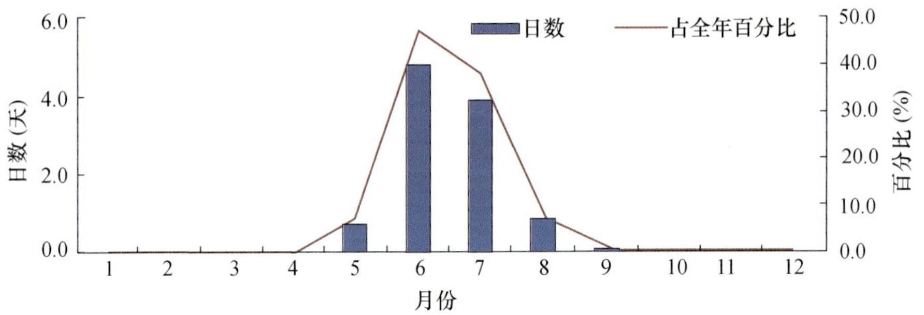

图 3.35 1974—2018 年河北省逐月平均高温日数分布

3.7.2 高温空间分布特征

3.7.2.1 高温日数分布特征

河北省高温日数南多北少，保定南部、廊坊中南部、沧州及以南大部分地区高温日数在11天以上，其中，石家庄中部、衡水南部、邢台中部、邯郸北部等区域，年平均高温日数大多在16天以上(图3.36)。

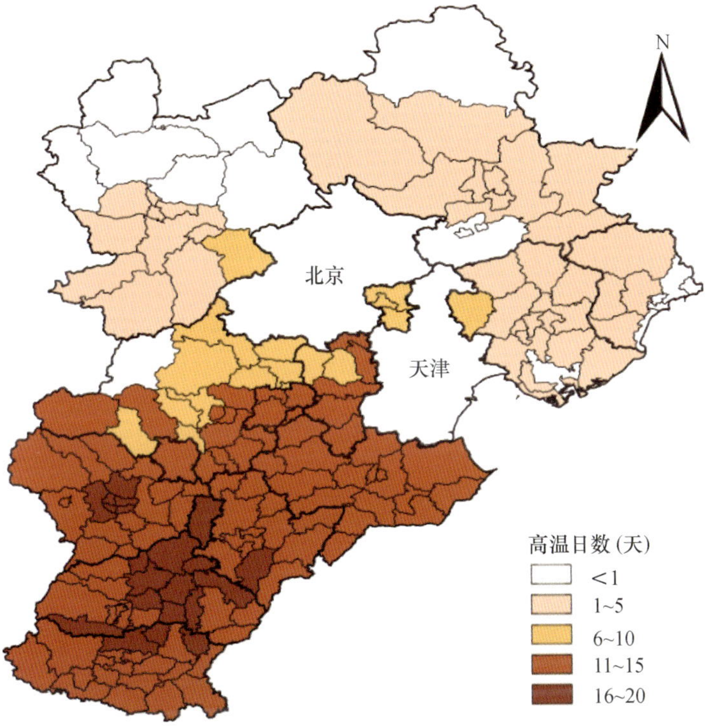

图3.36 1974—2018年河北省年平均高温日数分布图

3.7.2.2 年最高温日数极值分布特征

河北省年最多高温日数从北到南逐渐增多(图3.37)，张家口、承德、唐山、秦皇岛大部分地区年最多高温日数不足20天，保定、廊坊及以南地区大多在21天以上，其中，保定东南部、廊坊南部、石家庄大部、沧州、衡水、邢台和邯郸中部大部分地区年最多高温日数在31天以上，邯郸市临漳县最多，为50天。

3.7.2.3 高温极值分布特征

河北省北部极端最高气温低于南部地区(图3.38)，张家口、承德、唐山、秦皇岛大部分地区极端最高气温在36～42 ℃，保定南部、沧州西部及以南大部分地区在42 ℃以上，邢台沙河最高，为44.4 ℃，出现在2009年6月25日。

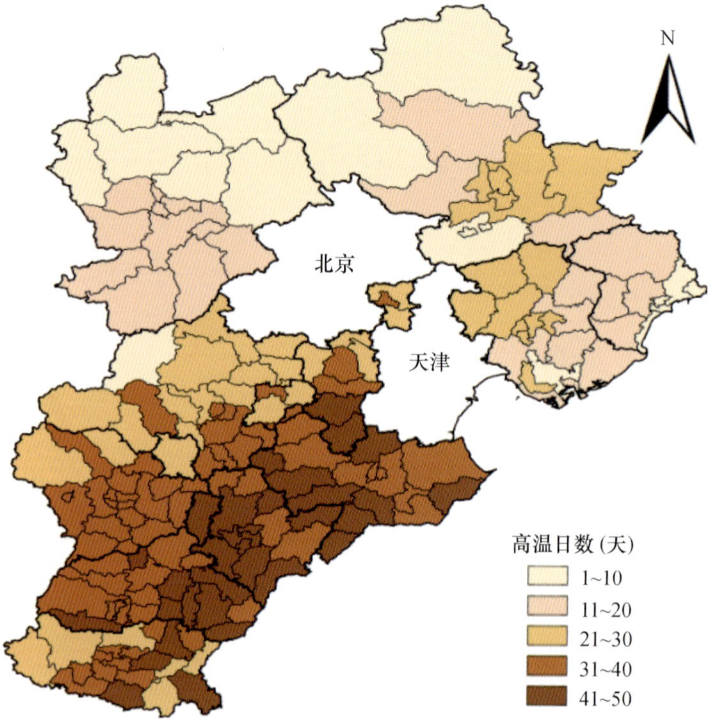

图 3.37 建站至2018年河北省年高温日数极值分布图

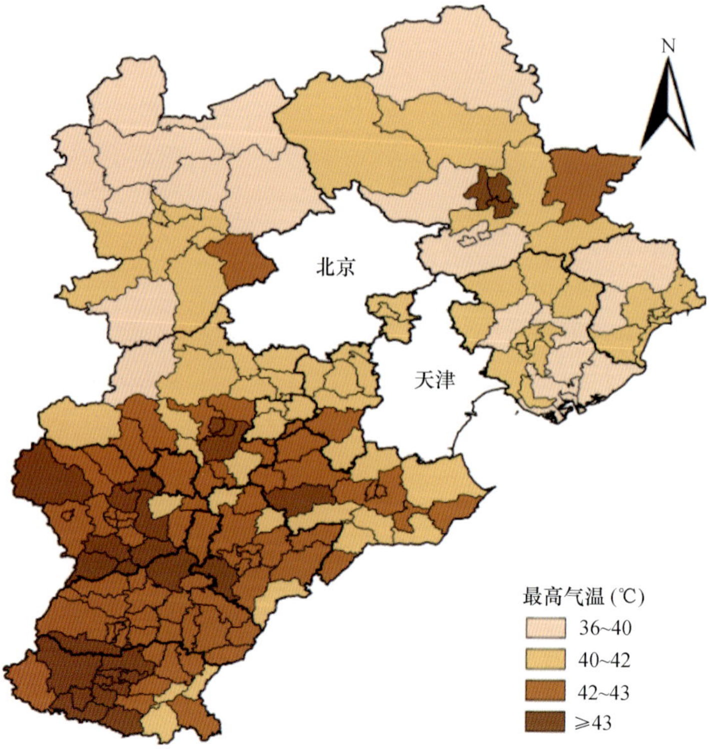

图 3.38 建站至2018年河北省高温极值分布图

3.7.2.4　最早最晚出现时间特征

高温最早开始日期南早北晚(图 3.39),石家庄西部、邢台大部、邯郸大部地区高温最早出现在 5 月 6 日之前,其中,太行山西部部分地区最早出现在 4 月上、中旬,其余大部分地区高温天气一般出现在 5 月 6 日以后,张家口坝上地区和唐山、秦皇岛的沿海地区 5 月下旬之后才出现高温天气。

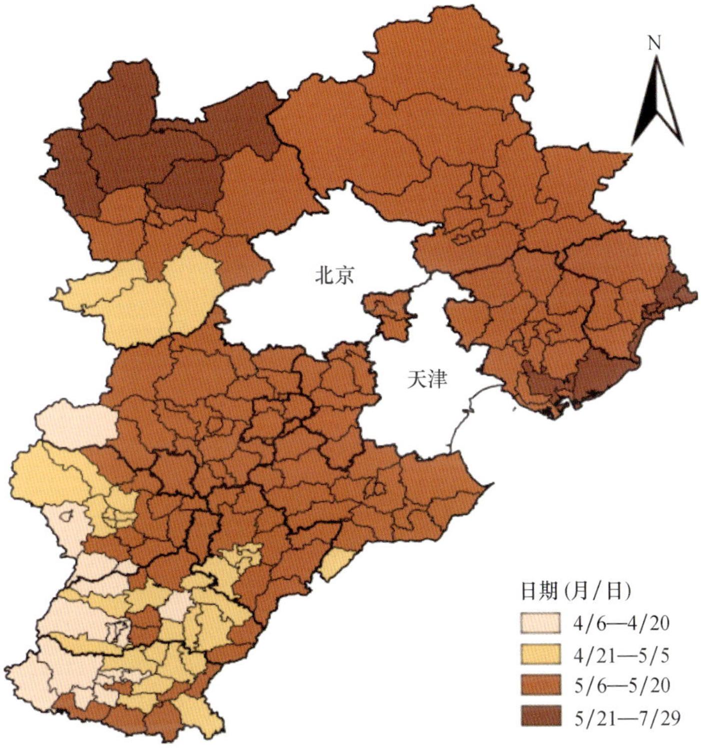

图 3.39　建站至 2018 年河北省高温最早出现日期分布图

高温最晚结束日期北早南晚(图 3.40),北部大部分地区最晚高温结束日期在 8 月,其中,张家口北部地区结束的最早,一般在 8 月上旬。中南部大部分地区最晚高温结束日期在 9 月以后,石家庄西部、邢台和邯郸最晚,一般在 9 月下旬至 10 月上旬。

3.7.2.5　最长持续时间

高温天气最长持续日数北短南长(图 3.41)。北部大部分地区高温持续日数在 6 天以内,其中,张家口北部最短,为 1～3 天;中南部大部分地区高温天气最长持续日数在 7 天以上,其中,保定东南部、廊坊南部、石家庄大部、沧州中西部、衡水西南部、邢台北部最长,在 10 天以上,石家庄中部部分地区长达 15 天之久。

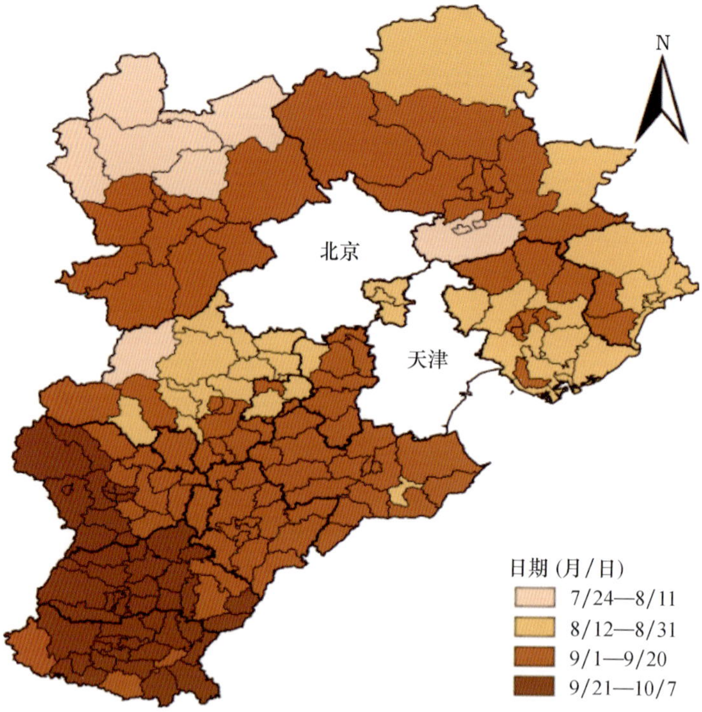

图 3.40 建站至2018年河北省高温最晚结束日期分布图

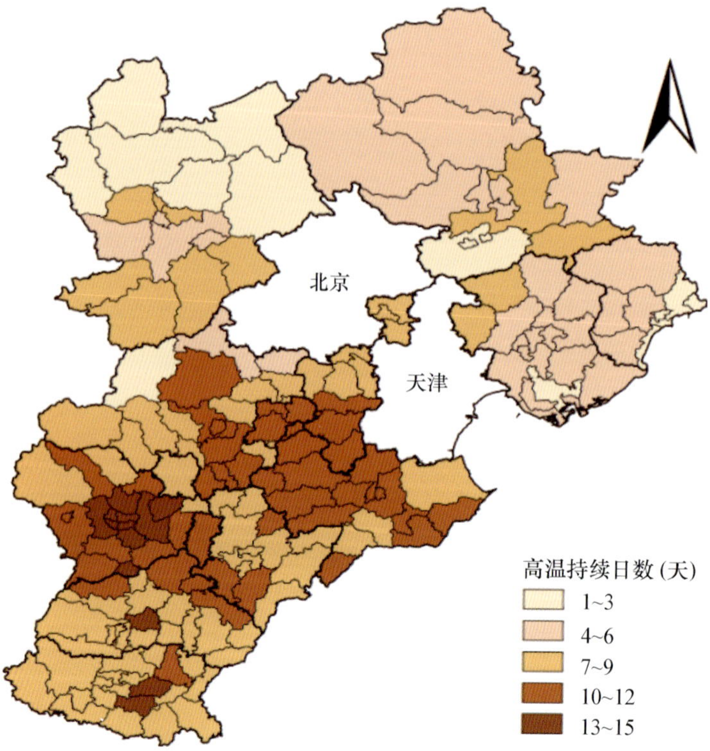

图 3.41 建站至2018年河北省高温持续日数极值分布图

3.7.3　典型个例

2010 年 7 月 28—31 日，河北省 118 个县(区、市)出现高温天气，保定、廊坊及以南地区的 38 个县(区、市)连续 4 天均出现高温天气，29 日高温影响范围最广，有 110 个县(区、市)出现 35 ℃以上高温，其中 51 个县(区、市)最高气温 37 ℃以上，怀来县最高，为 41.7 ℃。受高温天气过程影响，石家庄、廊坊、衡水、邢台和邯郸 5 市 126 人出现中暑，其中 32 人轻度中暑，94 人重度中暑，6 人死亡。7 月 31 日当天石家庄市 68 人出现中暑症状，其中 14 人轻度中暑，54 人重度中暑，2 人死亡。

2017 年 7 月 7—14 日，河北省出现持续高温天气，期间有 127 个县(区、市)出现 35 ℃以上高温，18 个县(区、市)出现 40 ℃以上高温；保定南部、沧州南部及以南地区 59 个县(区、市)连续 8 天均出现 35 ℃以上高温，藁城和深泽有 3 天日最高气温超过 40 ℃。受高温天气影响，中暑患者明显增加，7 月 10 日河北医科大学第二医院急诊科接收了 5 个中暑的病人；7 月 12 日石家庄晋州市和 13 日廊坊霸州市各有 1 名幼童被遗忘在接送车内，高温暴晒造成 2 名幼童死亡；7 月 9 日 11 时 47 分，河北南部电网统调负荷达到 3319.8 万千瓦，创历史新高，当天启动电网大负荷事件Ⅰ级(最高)应急响应。

3.8　低温冷冻

低温冷冻是指因冷空气异常活动造成剧烈降温以及雨雪、霜冻的天气现象，主要包括寒潮、霜冻、低温冷害等。低温冷冻主要对农业造成较大影响，使农作物减产甚至绝收，其次，对牧业、养殖业、渔业以及交通运输等均有不利影响，河北省造成低温冷冻灾害的冷空气过程主要包括寒潮和霜冻。

3.8.1　寒潮

寒潮是指高纬度的冷空气大规模向中、低纬度侵袭，造成剧烈降温的天气活动。本节寒潮统计标准以《GB/T 21987—2017 寒潮等级标准》为依据，即某地的日最低气温 24 小时内降温幅度≥8 ℃，或 48 小时内降温幅度≥10 ℃，或 72 小时内降温幅度≥12 ℃，而且使该地日最低气温≤4 ℃的冷空气活动。

3.8.1.1　寒潮时间分布特征

(1)年分布特征

1974—2018 年，河北省年平均寒潮日数 4.7 天，最多为 7.2 天，出现在 1993 年，最少为 2.9 天，出现在 1992 年，最多年是最少年的 2.5 倍。2002—2017 年，除 2006 年外，其余年份寒潮日数均偏少(图 3.42)。

(2)月分布特征

除 7 月外，河北省各月均出现过寒潮，主要分布在 10 月至次年 4 月，各月平均寒潮日数在 0.5 天以上，其中，11 月寒潮日数最多，为 0.8 天(图 3.43)。

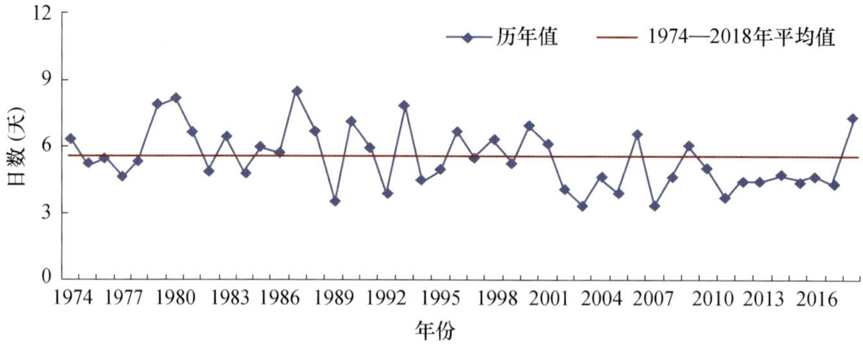

图 3.42　1974—2018 年河北省逐年平均寒潮日数

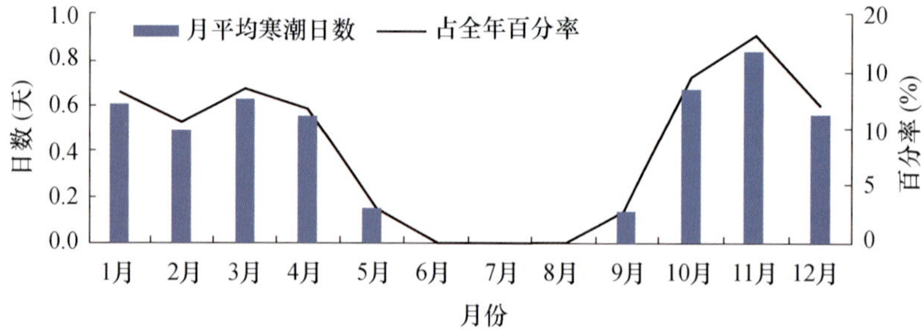

图 3.43　1974—2018 年河北省逐月平均寒潮日数

3.8.1.2　寒潮空间分布特征

(1)年平均寒潮日数分布特征

1974—2018 年,河北省各地年平均寒潮日数差异大,北部地区较中南部地区明显偏多,中南部地区的东部和南部地区相对较多。北部大部分地区年平均寒潮日数在 10 天以上,张家口张北县年平均寒潮日数最多,为 25.7 天,中南部大部分地区年平均寒潮日数不足 4 天,石家庄灵寿县、平山县和邢台市区最少,为 1.1 天(图 3.44)。

(2)年最多寒潮日数分布特征

建站至 2018 年,北部大部分地区年最多寒潮日数在 20 天以上(图 3.45),张家口康保县最多,为 48 天,出现在 1987 年。中南部大部分地区年最多寒潮日数在 10 天以内,晋州市和邯郸峰峰矿区最少,为 6 天,分别出现在 1990 年和 1960 年。

(3)最低气温 24 小时最大降温幅度分布特征

建站至 2018 年,河北省各地最低气温 24 小时最大降温幅度均在 10 ℃以上(图 3.46),最大值为 19.6 ℃,于 1990 年 12 月 10 日出现在张家口张北县。

(4)最早出现和最晚结束日期

寒潮开始日期北早南晚,南北寒潮最早开始日期相差 65 天。北部坝上地区 8 月中、下旬就可能出现寒潮,张家口康保县和沽源县最早,8 月 10 日出现过寒潮(康保县 1978 年,沽源县 1999 年)。燕山山区一般于 8 月下旬至 9 月上旬开始出现寒潮。中南部地区一般于 9 月下旬到 10 月中旬开始出现寒潮,邯郸永年区最晚,出现在 10 月 14 日(1993 年)(图 3.47)。

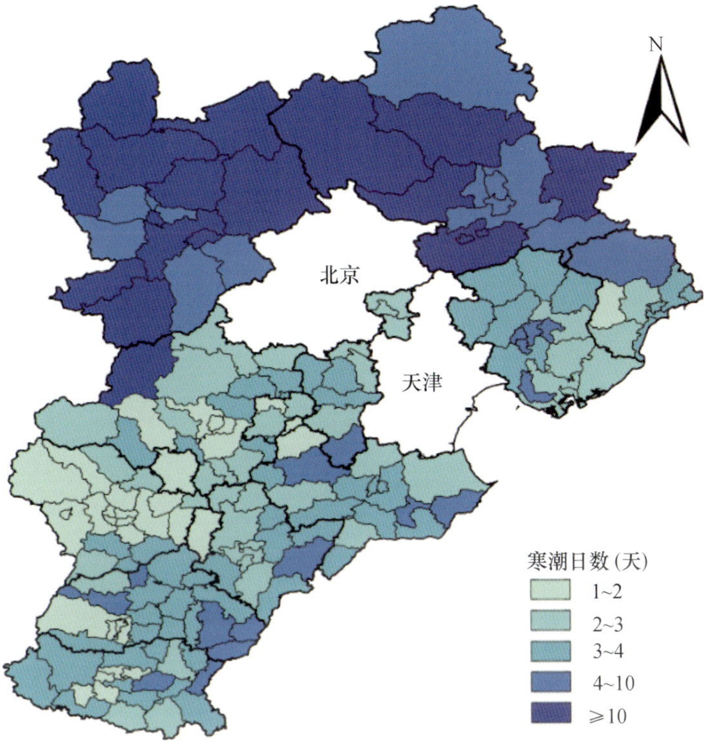

图 3.44　1974—2018 年河北省年平均寒潮日数分布图

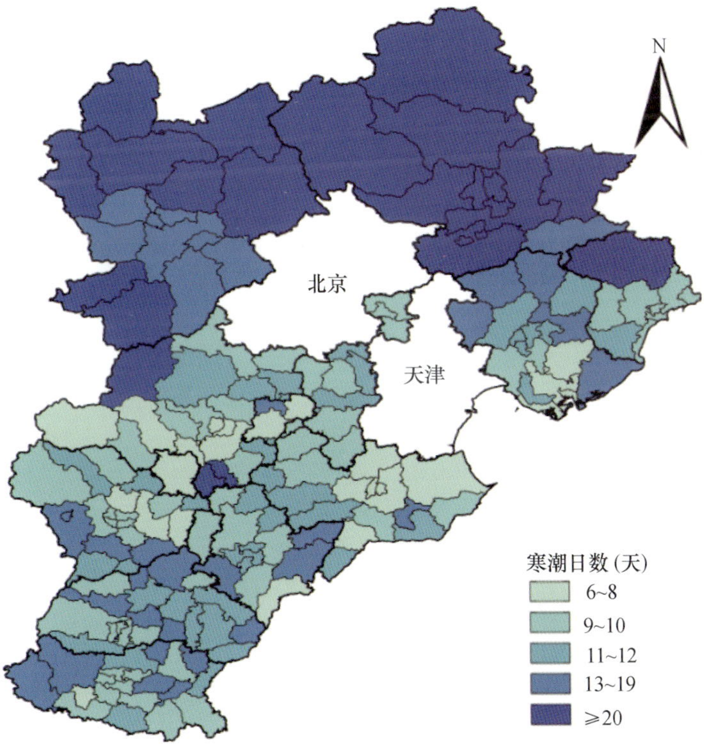

图 3.45　建站至 2018 年河北省年最多寒潮日数分布图

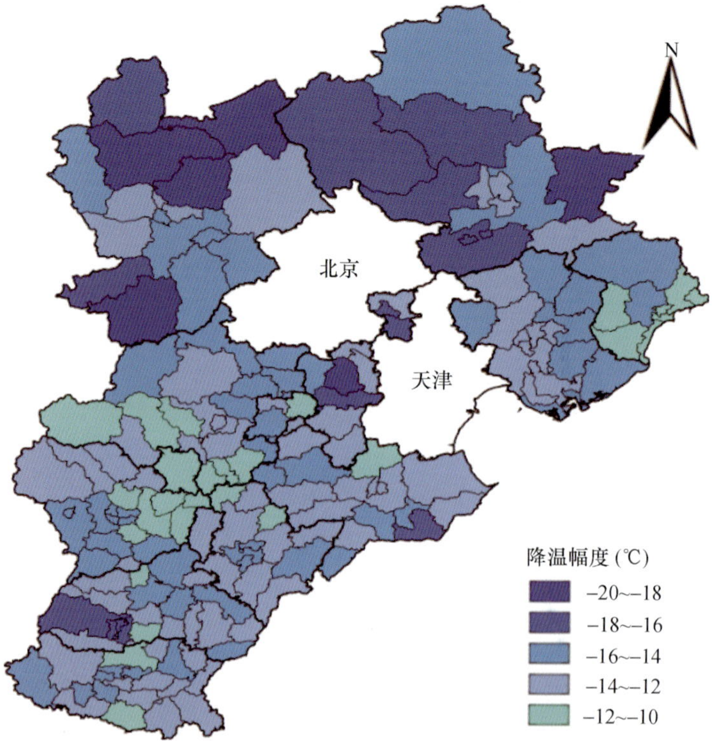

图 3.46　建站至2018年河北省最低气温24小时最大降温幅度分布图

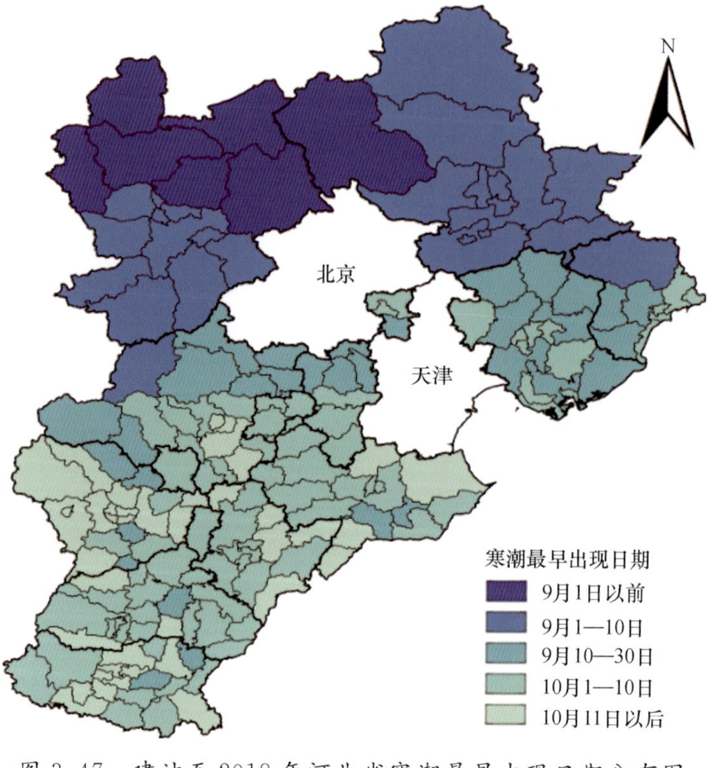

图 3.47　建站至2018年河北省寒潮最早出现日期分布图

寒潮结束日期南早北晚、东早西晚，南北寒潮最晚结束日期相差 92 天。中南部地区和东部沿海区域寒潮最晚结束日期一般出现在 4 月中旬到 5 月中旬，唐山滦南县结束最早，为 4 月 11 日(1967 年)。燕山山区一般结束在 5 月下旬到 6 月上旬。坝上地区最晚结束在 6 月中旬末至 7 月中旬初，张家口的康保县和沽源县 7 月 12 日(1965 年)还出现过寒潮(图 3.48)。

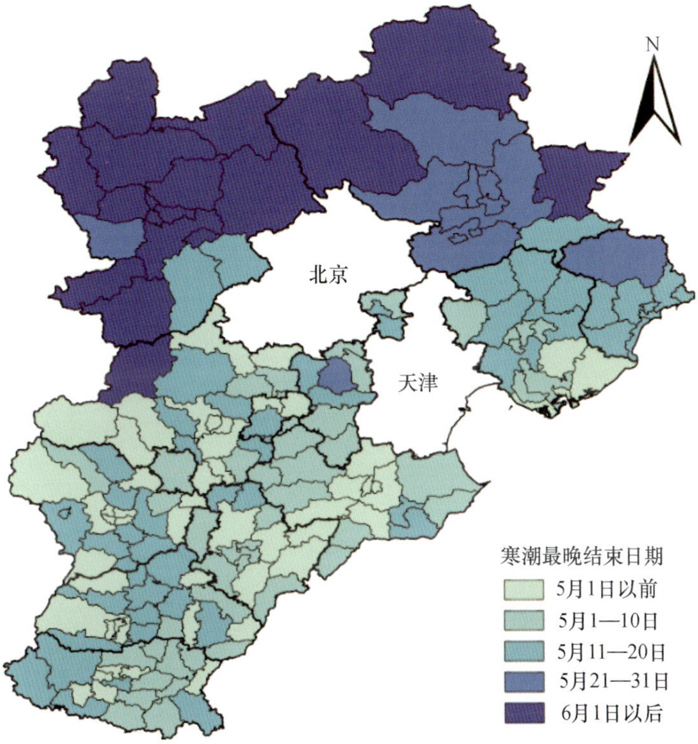

图 3.48　建站至 2018 年河北省寒潮最晚结束日期分布图

3.8.2　霜冻

霜冻是指由于冷空气活动产生的降温天气过程中，使植株体温及叶温下降到 0 ℃或 0 ℃以下，使正在生长发育的植物受到冻伤，从而导致减产或品质下降。河北省霜冻主要发生在春、秋两季，终霜冻偏晚时或初霜冻偏早时，影响尤其突出。本规范以 7 月以前日最低气温≤2 ℃的最晚日期为终霜冻日期，以 8 月以后日最低气温≤2 ℃的最早日期为初霜冻日期，无霜期为终霜冻日期后一天到初霜冻日期前一天的日数。

3.8.2.1　初、终霜冻日期和无霜期时间分布特征

初霜冻日期：1974—2018 年，河北省年平均初霜冻日期出现在 10 月 22 日。1981 年最早，平均出现在 10 月 12 日；2006 年最晚，平均出现在 10 月 30 日(图 3.49)。河北省逐年平均初霜冻日期整体呈推迟趋势，其中，2005—2017 年平均初霜冻日期持续晚于 1974—2018 年平均值。

终霜冻日期：1974—2018 年，河北省年平均终霜冻日期出现在 4 月 10 日。2014 年最早，

平均出现在 3 月 26 日;1979 年最晚,平均出现在 4 月 25 日(图 3.50)。河北省逐年平均终霜冻日期整体呈提前趋势,其中,1997—2005 年平均终霜冻日期持续偏早,2006—2018 年偏早年份明显多于偏晚年份。

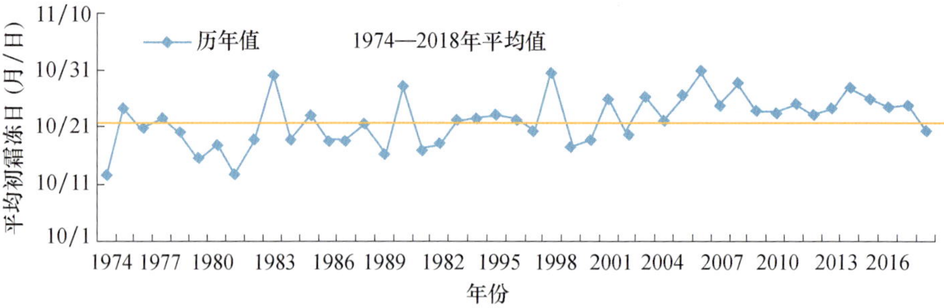

图 3.49 1974—2018 年河北省逐年平均初霜冻日期

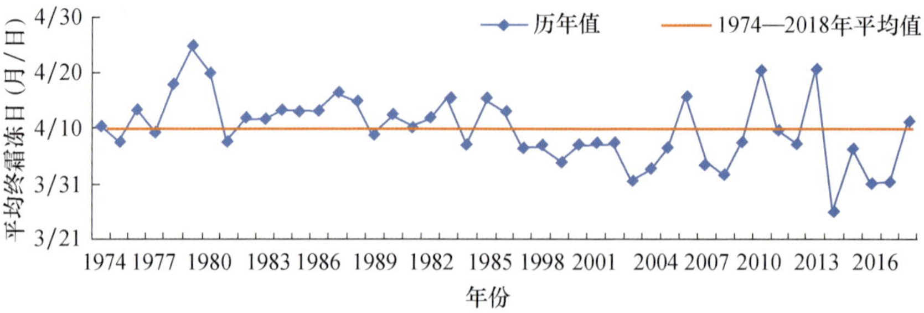

图 3.50 1974—2018 年河北省逐年平均终霜冻日期

无霜期:1974—2018 年,河北省年平均无霜期 195.3 天。1979 年最短,为 173.5 天;2014 年最长,为 215.9 天(图 3.51)。无霜期呈增加趋势,1997 年以来,大部分年份无霜期较常年平均值偏长。

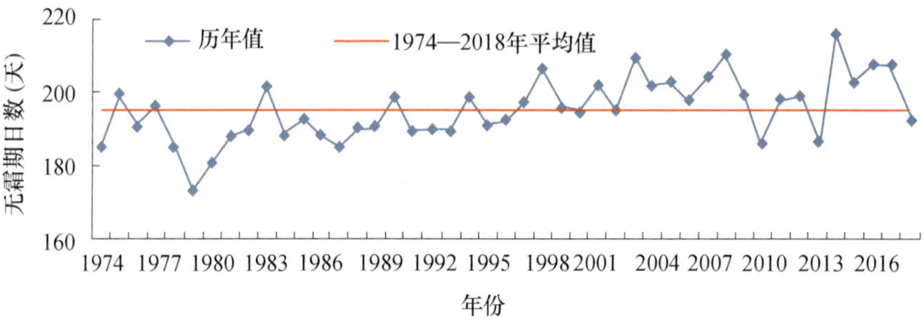

图 3.51 1974—2018 年河北省逐年平均无霜期

3.8.2.2 初、终霜冻日期和无霜期空间分布特征

(1)初、终霜冻日期和无霜期平均值分布特征

初霜冻日期:河北省平均初霜冻日期出现在 9 月上旬到 11 月上旬,北早南晚,坝上地区主要出

现在 9 月上旬和中旬,张家口康保最早,为 9 月 7 日。燕山山区主要出现在 9 月下旬到 10 月中旬。中南部平原地区主要出现在 10 月下旬到 11 月上旬,邯郸峰峰矿区最晚,为 11 月 10 日(图 3.52)。

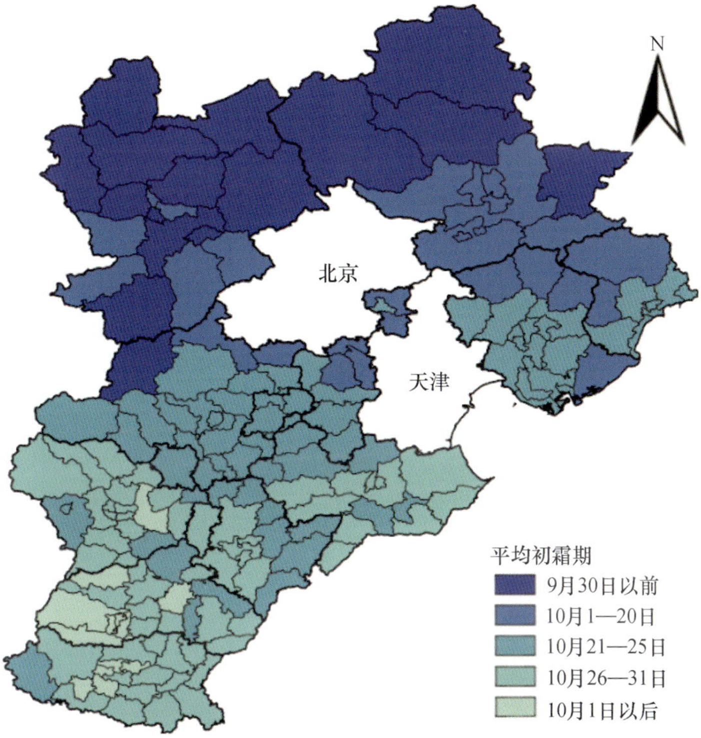

图 3.52　1974—2018 年河北省平均初霜冻日期

终霜冻日期:河北省平均终霜冻日期出现在 3 月下旬到 5 月下旬,南早北晚,中南部地区主要出现在 3 月下旬到 4 月上旬,邯郸峰峰矿区最早,为 3 月 23 日。燕山山区主要出现在 4 月中旬到 5 月上旬。坝上高原主要出现在 5 月下旬,张家口康保最晚,为 5 月 31 日(图 3.53)。

无霜期:河北省平均无霜期南短北长,差异较大。1974—2018 年,坝上地区平均无霜期日数在 115 天以内,康保最短,为 99.0 天。燕山山区大部分地区在 130～190 天,中南部大部分地区在 190 天以上,局部地区超过 200 天,邯郸峰峰矿区最长,为 231.7 天(图 3.54)。

(2)初、终霜冻日期和无霜期极值分布特征

最早初霜冻日期:建站至 2018 年,河北省最早初霜冻日期北早南晚,坝上地区主要出现在 8 月中旬到 8 月下旬,张家口康保县最早,为 8 月 16 日(1984 年)。燕山山区主要出现在 9 月上旬到 9 月下旬。中南部地区主要出现在 10 月上旬到 10 月下旬,邯郸峰峰矿区最晚,为 10 月 22 日(1974 年)(图 3.55)。

最晚终霜冻日期:建站至 2018 年,河北省最晚终霜冻日期南早北晚,中南部地区主要出现在 4 月下旬至 5 月上旬,邯郸、石家庄、保定、衡水 4 个市共 8 个县(市、区)最晚终霜冻出现在 4 月 20 日。燕山山区主要出现在 5 月中旬到 5 月下旬。坝上地区主要出现在 6 月上旬到 6 月下旬,张家口康保县最晚,出现在 6 月 23 日(1984 年)(图 3.56)。

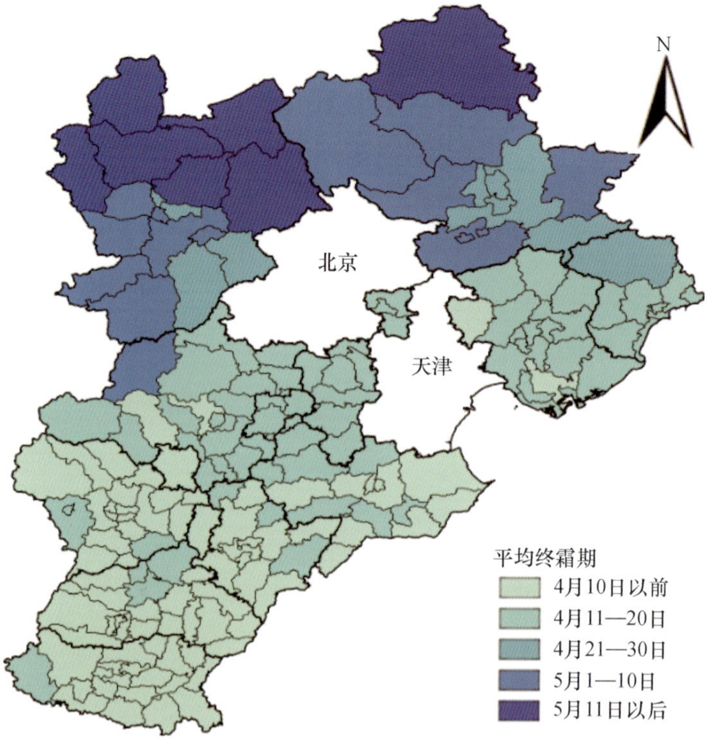

图 3.53 1974—2018 年河北省平均终霜冻日期

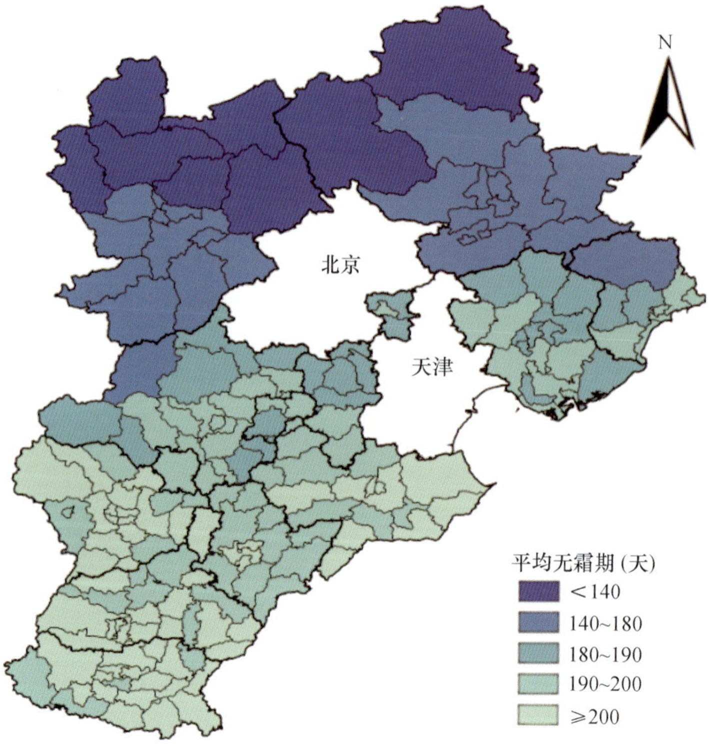

图 3.54 1974—2018 年河北省平均无霜期

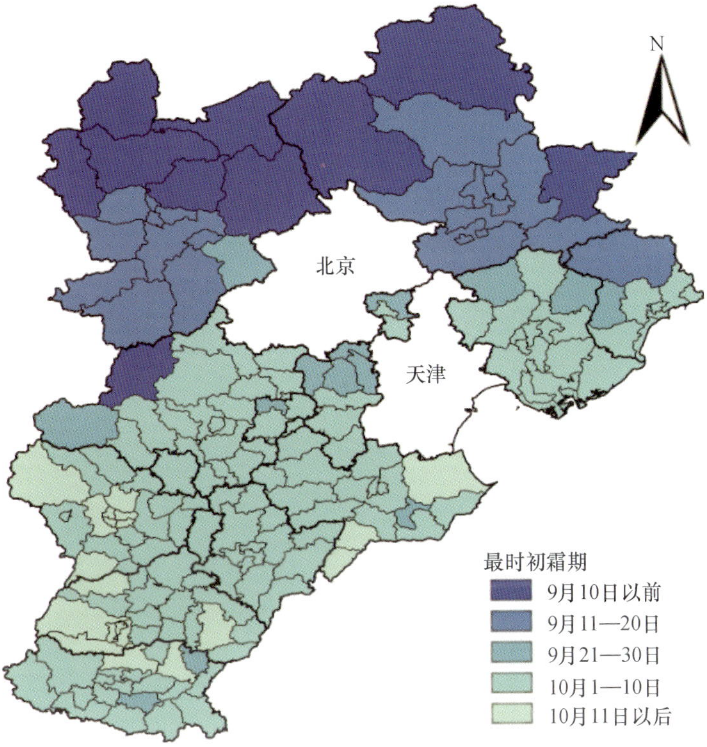

图 3.55　建站至 2018 年河北省最早初霜冻日

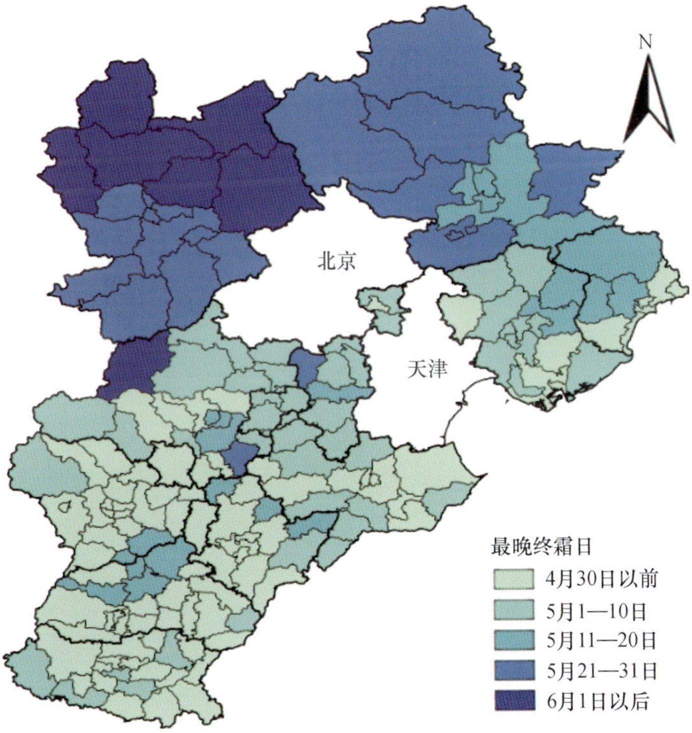

图 3.56　建站至 2018 年河北省最晚终霜冻日

最短无霜期:建站至2018年,河北省最短无霜期北短南长,坝上地区最短年无霜期在90天以内,张家口康保县最短,为69天(1984年)。燕山山区大部分地区在100～140天。中南部大部分地区在150天以上,部分地区超过180天,邯郸峰峰矿区最长,为204天(1974年)(图3.57)。

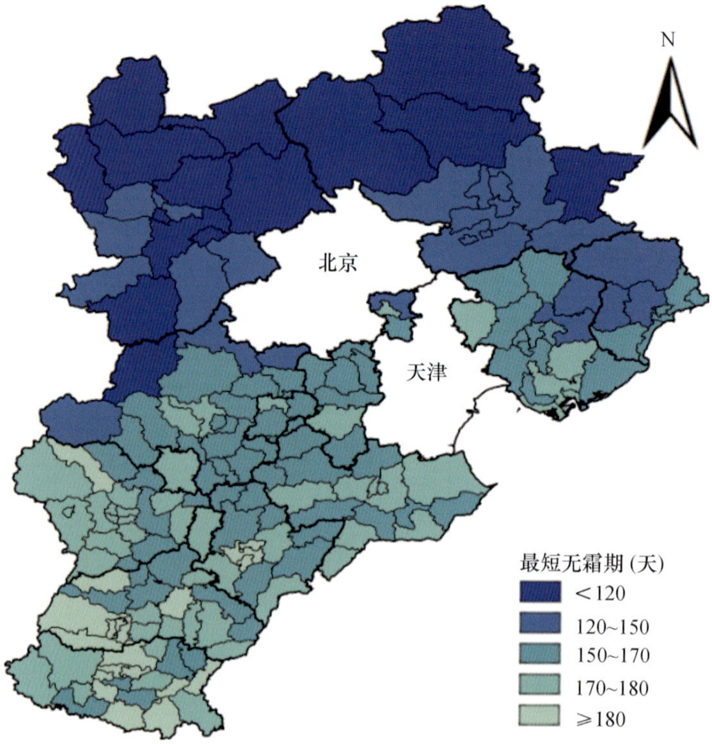

图3.57　建站至2018年河北省最短无霜期

3.8.3　典型个例

2013年4月18—23日,河北省大部分地区出现雨雪和强降温天气,期间,有62个县(市、区)出现6℃以上降温,有70个县(市、区)最低气温下降到0℃以下,有7个县(市、区)出现寒潮。受低温影响,保定、沧州、衡水、石家庄、邢台、邯郸等地部分果树的花芽、新梢、幼果被冻伤或冻死,造成减产甚至绝收;同时,花椒、蔬菜等农作物也遭受了较严重的低温冷冻灾害。据统计,此次低温冷冻灾害共造成中南部6个市273.7万人受灾,农作物受灾面积28.7万公顷,绝收面积3.1万公顷,造成直接经济损失30.3亿元,需救助人口1.2万人。此次损失全部为农业损失。

2018年4月3—6日,受较强冷空气影响,河北省先后出现大范围雨雪、寒潮、大风天气,137个县(市、区)出现寒潮,其中,36个县(市、区)出现特强寒潮,北部大部分地区和西部部分地区最低气温下降到0℃以下。在这次寒潮天气过程中,强降温使处于开花期的果树受灾严重。据统计,此次低温冷冻灾害造成张家口、保定、石家庄、邢台、邯郸5个市85.5万人受灾,农作物受灾面积11.6万公顷，绝收面积3.7万公顷，直接经济损失13.7亿元，其中，农业直接经济损失13.4亿元，工矿企业直接经济损失0.3亿元。

3.9 暴雪

暴雪是指24小时降雪量（折合为融化后的降水量）达到或超过10.0毫米的降雪天气过程。暴雪灾害影响交通、通信、输电线路安全；冻坏农作物，导致农业歉收或严重减产，对蔬菜生产和供应造成不利影响；伴随低温冻害，致使牲畜冻伤或冻死，造成道路结冰致使交通事故多发和行人跌倒摔伤等。

3.9.1 暴雪时间分布特征

3.9.1.1 年分布特征

1974—2018年，河北省年平均暴雪日数为0.1天，年暴雪日数最多为0.9天，出现在1979年；1975、1982、1985、1988、1995、1997年未出现暴雪（图3.58）。

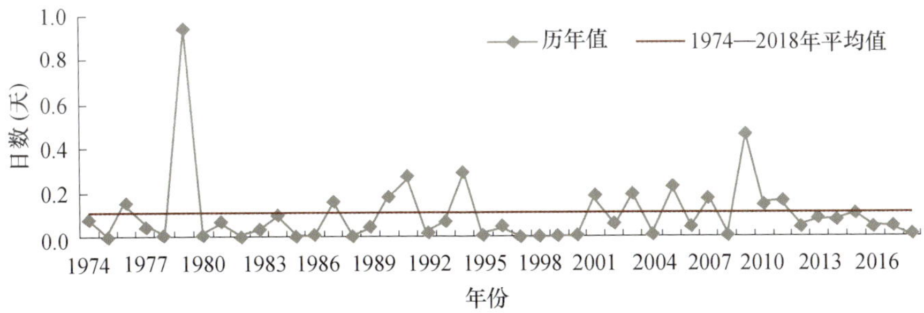

图3.58 1974—2018年河北省逐年平均暴雪日数变化

3.9.1.2 月分布特征

河北省10月至次年5月均出现过暴雪，主要出现在11月至次年3月（图3.59），其中，11月最多，占全年33.1%。

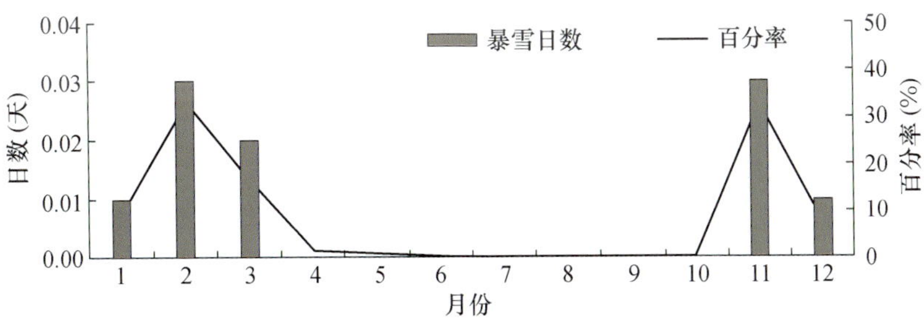

图3.59 1974—2018年河北省逐月暴雪日数分布情况

3.9.2 暴雪空间分布特征

3.9.2.1 暴雪日数分布特征

河北省北部、西部和南部年平均暴雪日数较多。1974—2018 年，大部分地区年平均暴雪日数在 0.15 天以上，邯郸武安市最多，为 0.24 天。平原大部分地区较少，不足 0.1 天，廊坊文安县最少，为 0.02 天(图 3.60)。

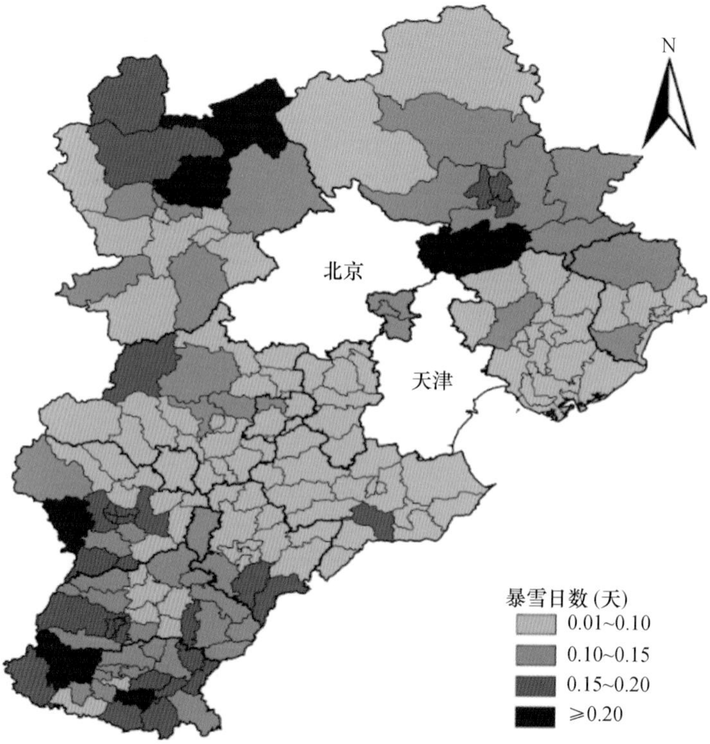

图 3.60 1974—2018 年河北省年平均暴雪日数分布图

3.9.2.2 极值分布特征

建站至 2018 年，河北省大部分地区最大年暴雪日数在 1～2 天，定州、邯郸临章和武安最多，为 3 天(图 3.61)。

建站至 2018 年，河北省大部分地区最大日降雪量在 10～30 毫米，承德围场和宽城、衡水曲阳、石家庄市区和栾城、邢台市区和沙河、邯郸武安共 8 个县(市、区)最大日降雪量在 30 毫米以上(图 3.62)，邢台市区最大，为 36.1 毫米，出现在 2009 年 11 月 11 日；沧州海兴最小，为 10.2 毫米，出现在 1979 年 3 月 23 日。

建站至 2018 年，河北省大部分地区最大积雪深度在 20～40 厘米(图 3.63)，石家庄市区和井陉矿区最大积雪深度在 50 厘米以上，石家庄市区最大，为 55 厘米，出现在 2009 年 11 月 12 日。

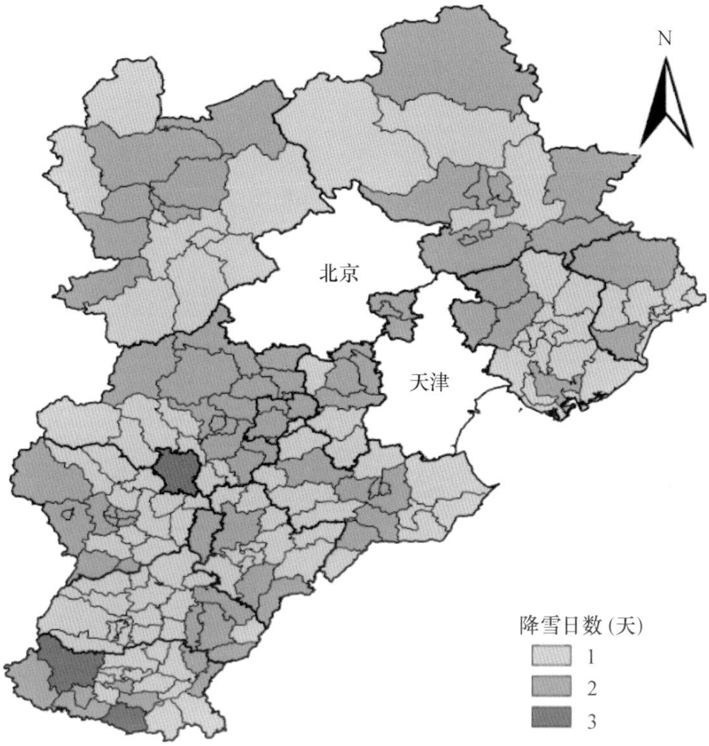

图 3.61　建站至2018年河北省最大年暴雪日数分布图

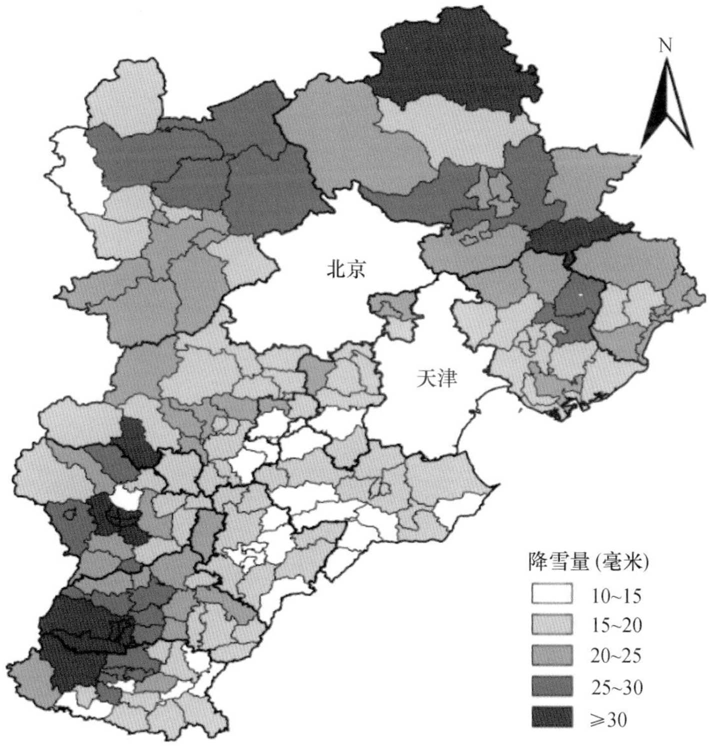

图 3.62　建站至2018年河北省最大日降雪量分布图

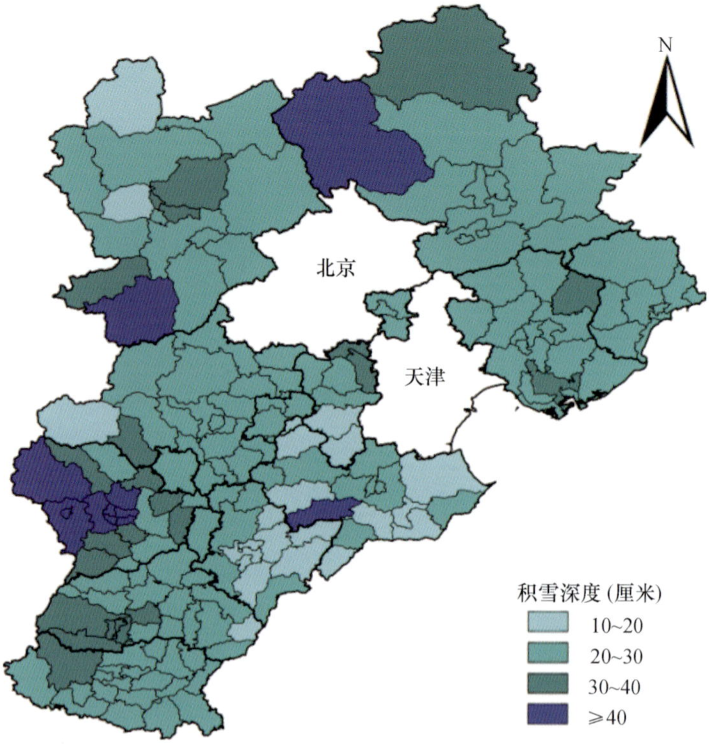

图 3.63 建站至2018年河北省最大积雪深度分布图

3.9.2.3 最早出现和最晚结束日期

河北省暴雪最早开始日期整体上北早南晚(图 3.64),张家口、承德大部分地区在11月上旬开始出现暴雪,张家口康保最早,出现在10月3日(1972年)。中南部地区大多在11月中下旬开始出现暴雪,部分地区12月到次年1月才出现暴雪,沧州海兴最晚,为3月23日(1979年)。

河北省暴雪最晚结束日期整体上南早北晚(图 3.65),中南部大部分地区结束于2月下旬至3月下旬,沧州泊头最早,结束于1月6日(2001年)。北部地区大多结束于4月上旬至中旬,张家口康保、沽源、张北、尚义暴雪结束日期最晚,为5月3日(1994年)。

3.9.3 典型个例

2009年11月8—12日,张家口南部、廊坊北部、唐山北部、保定南部、沧州南部、石家庄、衡水、邢台、邯郸降大到暴雪,有8个县(市)降水量为51.1～93.5毫米,石家庄市区降水量最大为93.5毫米。全省有47个县(市)的最大积雪深度突破当地有气象记录以来的历史极值,主要分布在中南部地区,其中石家庄大部、邢台西部、邯郸西部累计积雪深度超过30厘米,石家庄市区累计积雪深度最大为55厘米。据统计,这次暴雪使石家庄、邢台、邯郸、保定、衡水、张家口、廊坊等市的87个县(市、区)328.4万人受灾,受伤109人,农作物受灾面积16.27万公顷,因灾倒塌房屋1544间,损坏房屋5046间,倒塌农业大棚22517个,城市集贸市场等大量设施被毁。因灾造成直接经济损失15.2743亿元。

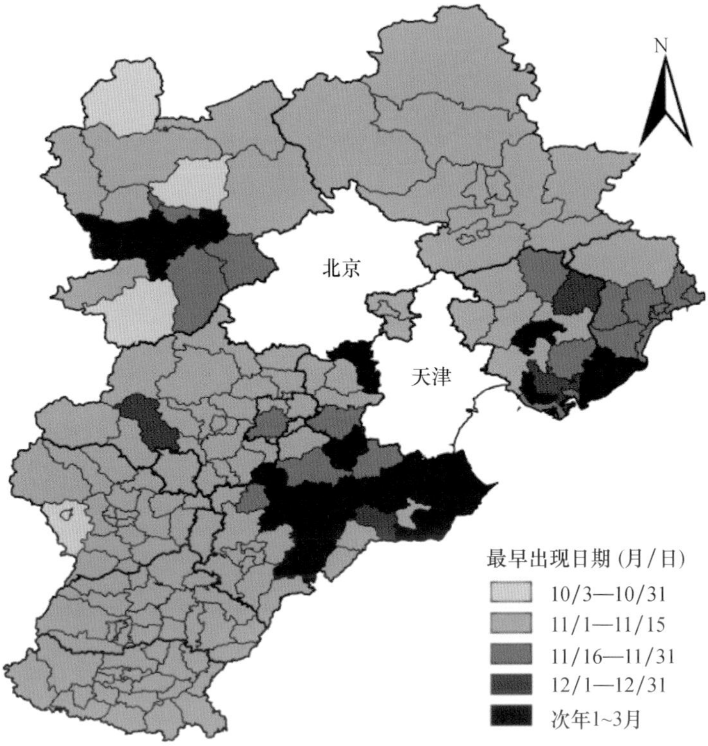

图 3.64　建站至 2018 年河北省暴雪最早出现时间分布图

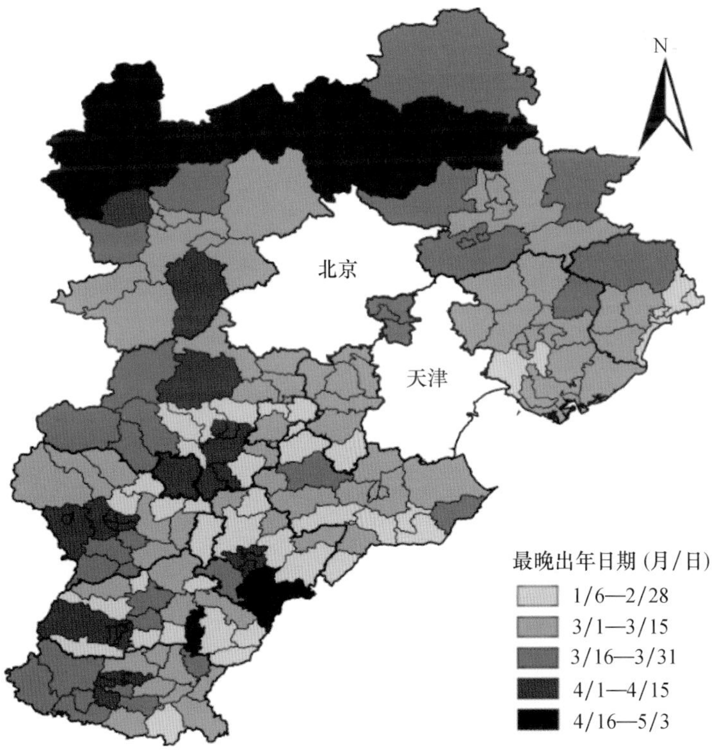

图 3.65　建站至 2018 年河北省暴雪最晚出现时间分布图

2017年2月21—23日，河北省出现大范围强降雪天气，全省有135个县(市、区)出现中到大雪，其中，藁城、武安、南和3个县(市、区)出现暴雪，藁城最大，为12.4毫米。全省有58个县(市、区)积雪深度超过5厘米，最大积雪深度10厘米，出现在涿鹿。受大雪天气影响，2月21日河北境内部分列车、高客晚点，8个航班取消。受雪后大雾和路面结冰的影响，22日河北境内所有高速全部封闭。

3.10 大雾

雾是指近地层大气中的水汽凝结成细微的水滴悬浮于空中，使地面水平能见度下降的天气现象。气象部门将水平能见度小于1000米的雾称为大雾。

大雾出现期间，能见度明显降低，部分时段高速公路关闭使用，航运、海运受阻，交通事故增多。大气扩散条件较差，易造成污染物堆积，使环境空气质量明显下降，对人体健康造成不利影响。为减少重污染天气可能造成的影响，部分工厂会暂时停工停产。大雾还可能造成“污闪”，使通信系统、电网等遭受破坏。

3.10.1 大雾时间分布特征

3.10.1.1 年分布特征

1974—2018年，河北省平均每年出现大雾21.2天。1990年雾出现日数最多，为36.5天；2010年最少，为10.2天，最多年约是最少年的3.6倍(图3.66)。

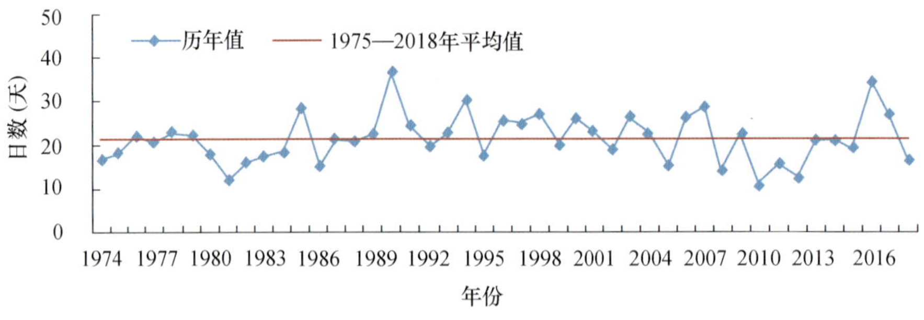

图3.66 1974—2018年河北省逐年平均雾日数

3.10.1.2 月分布特征

河北省冬半年大雾出现日数相对较多，夏半年相对较少。1974—2018年，1月、10—12月平均大雾日数在2天以上，12月最多，为3.8天，占全年总大雾日数的18.0%。3—7月月平均大雾日数在1天以内，5月、6月最少，仅0.5天，占全年总大雾日数的2.3%(图3.67)。

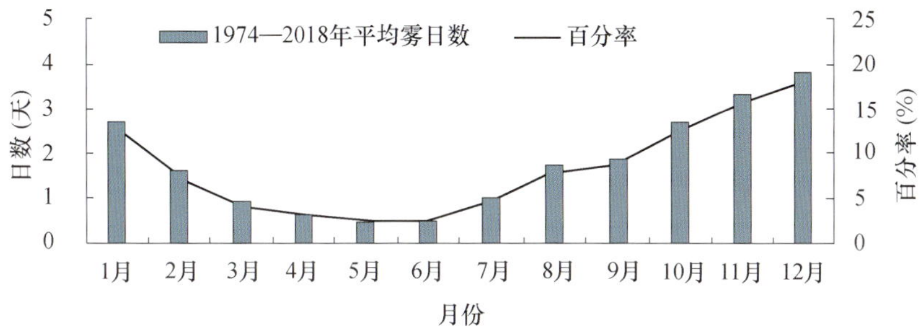

图 3.67 1974—2018 年河北省逐月平均大雾日数

3.10.2 大雾空间分布特征

3.10.2.1 大雾日数分布特征

1974—2018 年，河北省年平均大雾日数北少南多，平原多山区少。北部大部分地区年平均大雾日数在 10 天以内，承德围场最少，仅 0.8 天。中南部地区年平均大雾日数大多在 10 天以上，特别是太行山以东平原地区，大雾日数明显较多，年平均大雾日数在 30 天以上，其中，邯郸广平最多，为 51.7 天(图 3.68)。

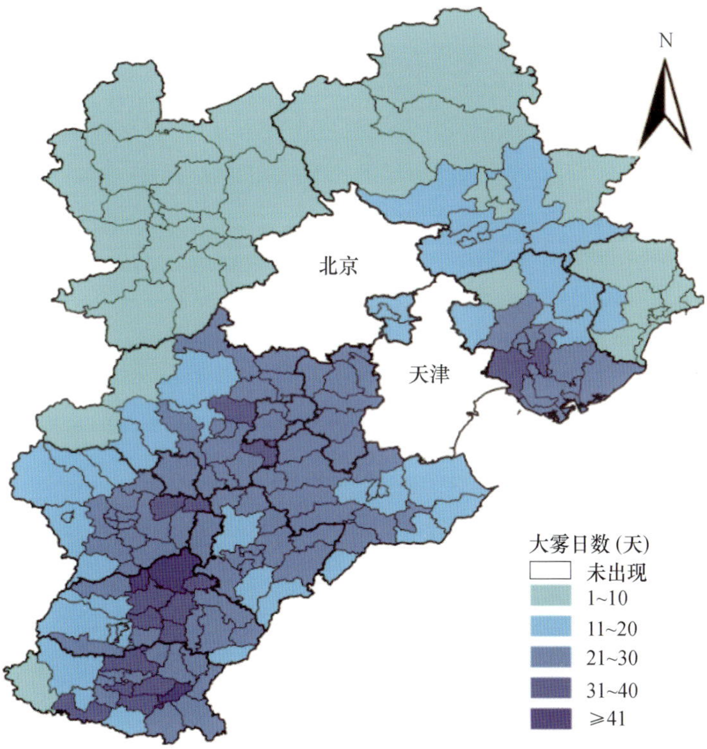

图 3.68 1974—2018 年河北省年平均大雾日数分布图

3.10.2.2 最多年大雾日数分布特征

建站至2018年,河北省最多年大雾日数分布规律与平均值相似,北少南多,平原多山区少,太行山前平原最多。北部大部分地区年最多大雾日数在20天以内,张家口万全最少,仅6天,出现在1965年和1987年。中南部大多在40天以上,邯郸广平最多,为115天,出现在1993年(图3.69)。

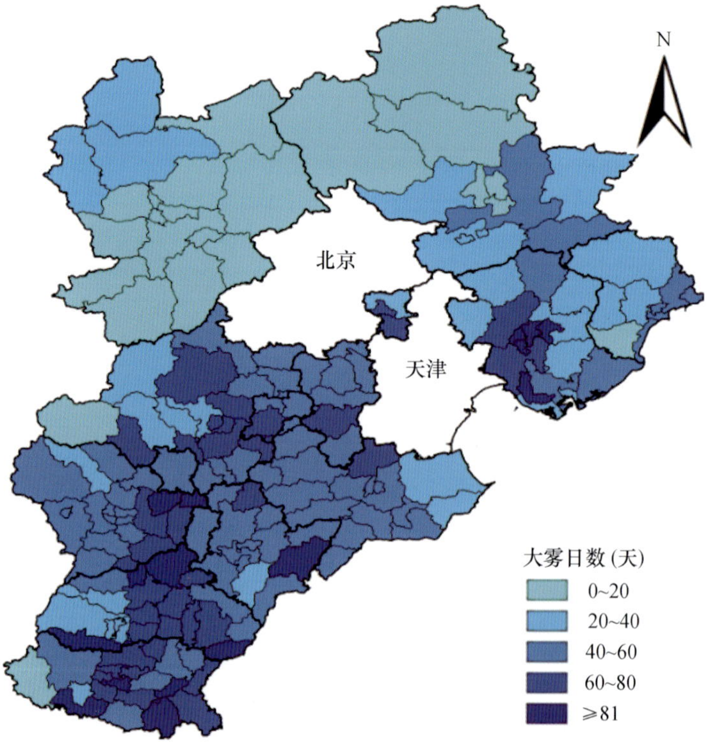

图3.69 建站至2018年河北省最多年大雾日数分布图

3.10.2.3 最长持续日数分布特征

河北省大雾最长持续时间北短南长。北部大部分地区大雾最长持续时间在5天以内,承德围场县最短,仅1天。中南部大部分地区大雾最长持续时间在9天以上,邯郸磁县最长,为20天,出现在2016年12月24日到2017年1月12日(图3.70)。

3.10.3 典型个例

1985年2月5—9日,河北省出现大面积大雾天气。这次大雾波及河北省整个平原地区及其边缘山区,每日持续达7~8小时。据电力部门统计,在此期间,河北省保定、沧州、石家庄、衡水、邢台、邯郸6个地区均遭受不同程度的影响,4900多千米输电线路上30多个基杆塔发生"污闪",27条22万伏以上高压线路跳闸88次,使国家财产遭受了巨大损失。

2016年12月31日—2017年1月9日,河北省出现大范围、持续性大雾天气,全省有

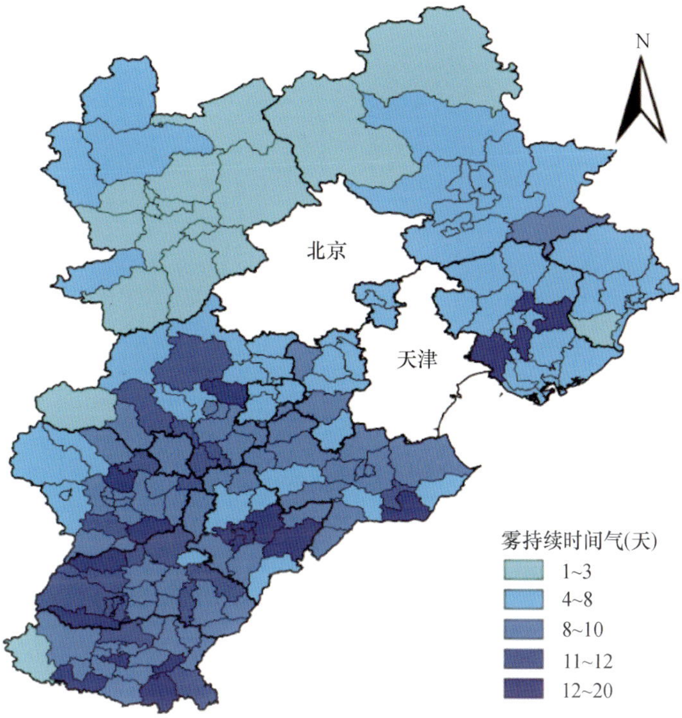

图 3.70　建站至 2018 年河北省最长大雾持续日数分布图

119 个县(市、区)出现大雾天气，其中，有 47 个县(市、区)连续 10 天出现大雾，对交通、环境空气质量等造成严重影响，10 个设区市高速因大雾全线关闭。元旦假期期间，石家庄国际机场 3 天因大雾共取消航班 278 架次，出港航班延误 161 架次。2017 年 1 月 2 日，石家庄子龙大桥雾中连发 13 起车祸，涉及二十五六辆车，事故造成一人轻伤，多辆车不同程度受损；2017 年 1 月 3 日，石家庄 107 国道双向车道使庄村路段发生多起汽车相撞事故，20 多辆事故车辆不同程度受损；邢台沙河钢铁路高庙村附近发生一起交通事故，驾驶室严重变形，驾驶员被困；2017 年 1 月 8 日，石家庄新城大道由南向北快到正定新区下桥口处十几辆车发生追尾事故。受大雾天气影响，河北省环境空气质量明显下降，期间河北省 $PM_{2.5}$、PM_{10}浓度显著升高，大部分地区出现重度到严重污染，部分地区污染指数甚至一度爆表（AQI 指数＞500）。

3.11　龙卷

龙卷是一种小尺度的天气系统，是和强烈对流云相伴出现的具有垂直轴的小范围强烈旋涡。龙卷虽然影响范围较小，但其破坏力极强，在极高风速的冲击作用下，可对建筑物产生很强的瞬时荷载，并在建筑物不同部位或同一部位先后产生极大扭矩，龙卷中心通过时产生的压力骤降，可使密闭或半密闭的建筑物产生炸裂式破坏。同时，龙卷出现的时空随意性强，气象探测设备和探测系统大多难以有效准确监测和追踪它的发生发展，只能从目击者的叙述和过后的灾情调查得到。

本书中采用的龙卷资料来源于 4 个方面：气象灾情直报、中国气象灾害大典、气象灾情普查数据库、档案馆地方志等信息，共确认龙卷 119 例。龙卷在河北省发生的概率很小，但造成的危害极大。

3.11.1 龙卷时间分布特征

3.11.1.1 年分布特征

1974—2018 年，河北省多年平均龙卷发生次数为 2.6 次，期间有 9 年未出现龙卷，1986 年发生的龙卷次数最多为 7 次。1985—1993 年龙卷出现次数较多，平均每年出现 4.8 次；从 1990 年之后，龙卷出现次数呈下降趋势，特别是 2010 年以后，下降趋势明显，2015—2018 年无龙卷发生记录(图 3.71)。

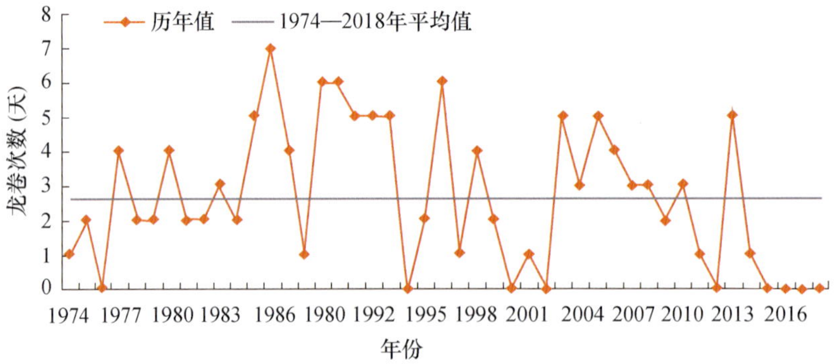

图 3.71　1974—2018 年河北省逐年平均龙卷次数情况

3.11.1.2 月变化特征

河北省龙卷 3—10 月均有发生，季节特征较明显，夏季(6—8 月)出现次数最多，占总数的 79.7%；其次为春季(3—5 月)，占总数的 14.4%，11 月至次年 2 月未查阅到龙卷记录(图 3.72)。

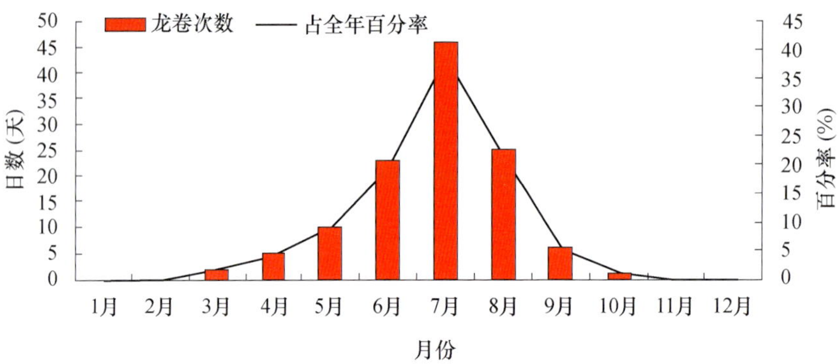

图 3.72　1974—2018 年河北省逐月平均龙卷次数

3.11.2　龙卷空间分布特征

1974—2018 年，河北省各地龙卷次数大部分地区在 0～2 次，张家口张北和衡水故城最多，为 7 次(图 3.73)。

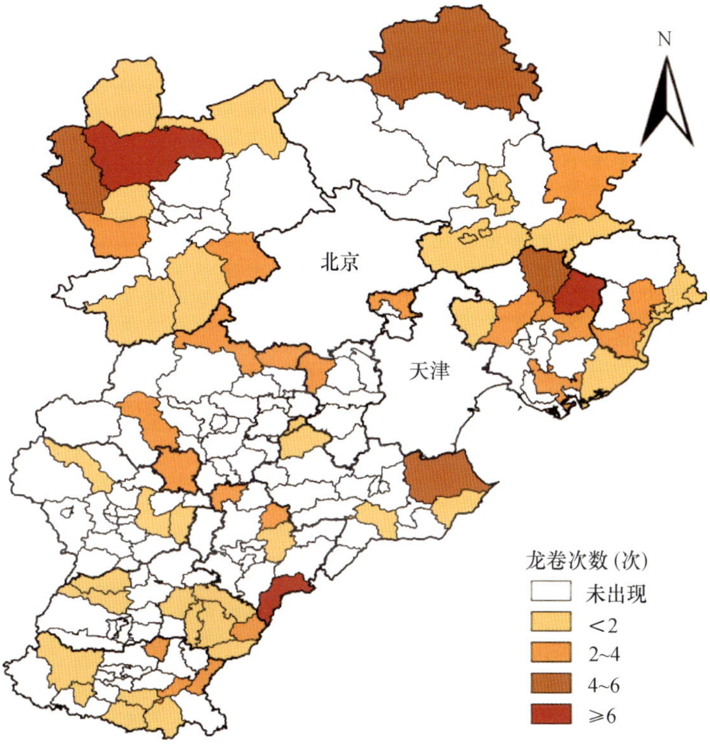

图 3.73　1974—2018 年河北省年平均龙卷发生次数分布

3.11.3　典型个例

1969 年 8 月 29 日 19 时 30 分左右，霸州东部褚河港乡遭受龙卷袭击，1400 间房屋倒塌，全村 703 户人家 3000 多人，763 人受伤，98 人死亡。

1977 年 7 月 23 日，滦县出现强龙卷，9 人受伤，小推车、铁水柜、打麦机腾空而起 100～400 米，房屋、树木被荡平如平地，毁房 188 间，各种棚舍 130 间，倒折电线杆 60 根，树木 1223 棵。

1987 年 8 月 26 日，威县出现强龙卷，损坏房屋 1969 间，170 户围墙刮倒，108 人被埋入废墟，43 人受伤，8 人死亡，砸死大牲畜 5 头，折倒树木 4040 棵、电杆 82 根，损坏机井房 7 座、变压器 1 台。

1989 年 7 月 17 日，馆陶出现强龙卷，18 间教室和围墙倒塌，当场死亡 3 人，伤 30 人。平房掀檐，瓦房揭顶，所有院墙倒向各异，150 千克重的乒乓球台案，被刮进 7 米多远的教室内，校园附近麦垛的麦秸如随风箭射入校园种植的茄子上，茄子状如刺猬。

1996 年 4 月 16 日，灵寿出现强龙卷，将正在盖房的几位村民连同结好的钢筋架被卷出 20

多米,有1位村民被抛出50多米,造成2人轻伤,3人重伤,3人死亡。

1996年5月7日,玉田出现强龙卷,房瓦被卷走,直径60厘米的大树、通信电杆被刮倒折断。6间教室位移,6间厂房全部倒塌,片瓦无存,3名工人被埋在房内受伤,13台面粉加工机械被毁,0.5万千克小麦面粉被风卷走。

2006年6月14日,昌黎出现强龙卷,200多个暖棚受损,150多个彻底被毁,1人被卷入空中。

2006年6月24日,涿鹿出现强龙卷,供电及通讯线路被大风吹断,4辆公交车和1辆夏利车被风刮到墙外,容积5吨的油罐被风掀起向东飞出50多米。

3.12 沙尘天气

沙尘天气包括浮尘、扬沙、沙尘暴、强沙尘暴和特强沙尘暴。浮尘指尘沙浮游在空中,使水平能见度小于10.0千米的天气现象。扬沙指风将地面尘沙吹起,使空气相当混浊,水平能见度为1.0~10.0千米的天气现象。沙尘暴指强风将地面尘沙吹起,使空气很混浊,水平能见度小于1.0千米的天气现象。强沙尘暴指大风将地面尘沙吹起,使空气非常混浊,水平能见度小于500米的天气现象。特强沙尘暴指狂风将地面尘沙吹起,使空气特别混浊,水平能见度小于50米的天气现象。本节将沙尘暴、强沙尘暴和特强沙尘暴统称为沙尘暴进行分析。沙尘天气出现期间,特别是沙尘暴出现时,能见度明显下降,对交通运输产生不利影响。同时,沙尘天气也会使空气中PM_{10}、$PM_{2.5}$浓度明显上升,环境空气质量明显转差,对人体健康有不利影响。

3.12.1 沙尘天气时间分布特征

3.12.1.1 年分布特征

1974—2018年,河北省年平均浮尘日数3.3天,最少为0.1天,出现在2012年,最多为14.5天,出现在1976年(图3.74)。年平均扬沙日数6.2天,最少为0.4天,出现在2012年,最多为21.3天,出现在1974年(图3.75)。年平均沙尘暴日数0.6天,最少为0天,2016年、2017年未出现沙尘暴,最多为2.8天,出现在1974年(图3.76)。

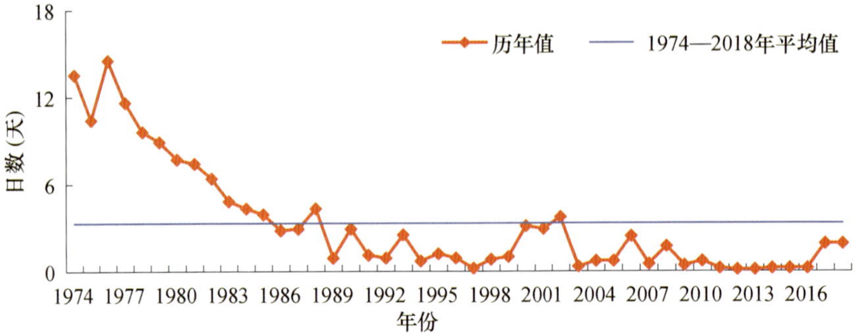

图3.74 1974—2018年河北省逐年平均浮尘日数

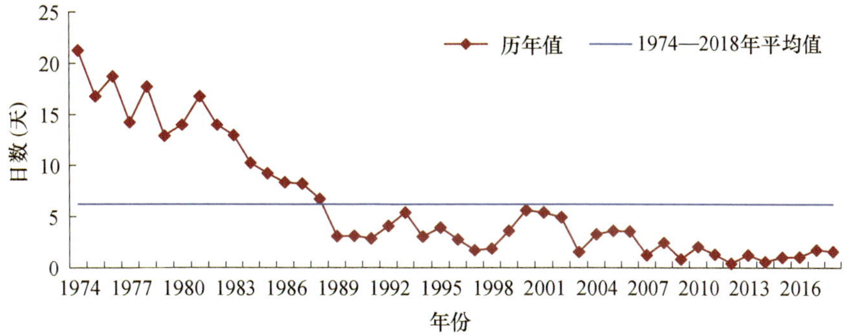

图 3.75　1974—2018 年河北省逐年平均扬沙日数

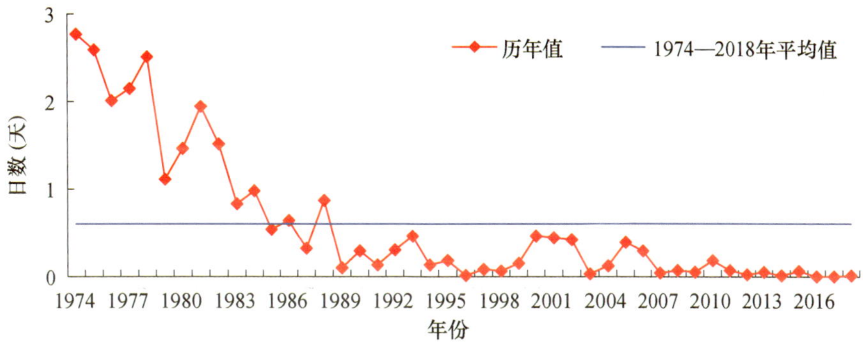

图 3.76　1974—2018 年河北省逐年平均沙尘暴日数

河北省沙尘天气(浮尘、扬沙、沙尘暴)中,扬沙日数最多,浮尘次之,沙尘暴最少。变化趋势极为相似,20 世纪 70 年代中期到 80 年代中期,沙尘天气日数高于 1974—2018 年平均值,且呈迅速下降趋势。20 世纪 80 年代后期到 2018 年,沙尘日数低于 1974—2018 年平均值,其中,21 世纪初期,沙尘日数略有反弹,21 世纪 10 年代,沙尘日数为 1974 年以来最低。

3.12.1.2　月分布特征

1974—2018 年,河北省浮尘、扬沙、沙尘暴月分布特征极为相似,春季沙尘天气最多,8—9 月最少(图 3.77—图 3.79)。

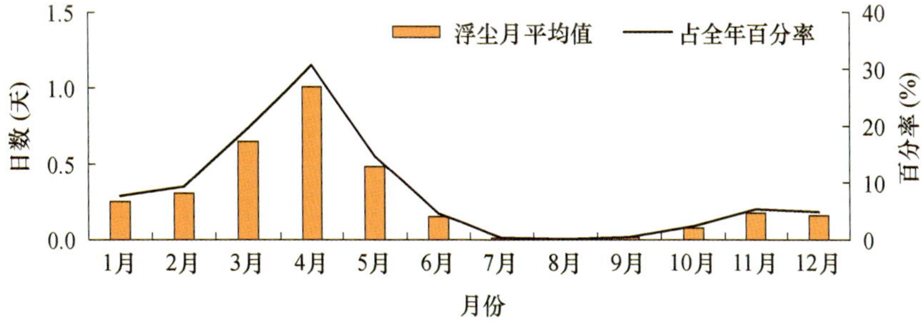

图 3.77　1974—2018 年河北省逐月平均浮尘日数

浮尘日数1—5月较多,占全年的82.0%;4月最多,为1.0天,3月次之,为0.6天(图3.77)。扬沙日数1—6月较多,占全年的87.5%;4月最多,为1.7天,3月次之,为1.3天(图3.78)。沙尘暴日数1—6月较多,占全年的93.6%;4月最多,为0.2天,3月和5月次之,为0.1天(图3.79)。

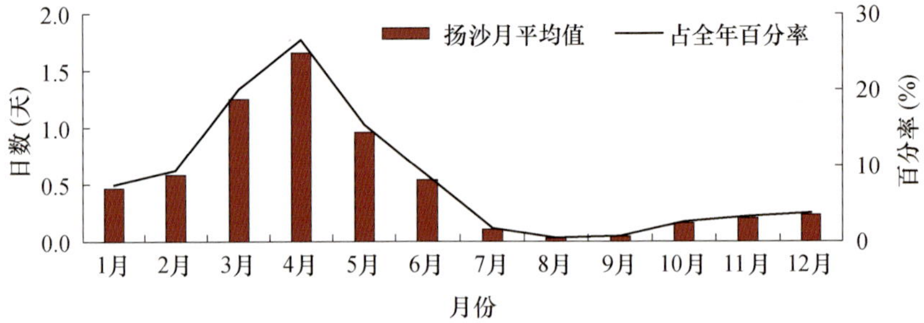

图3.78 1974—2018年河北省逐月平均扬沙日数

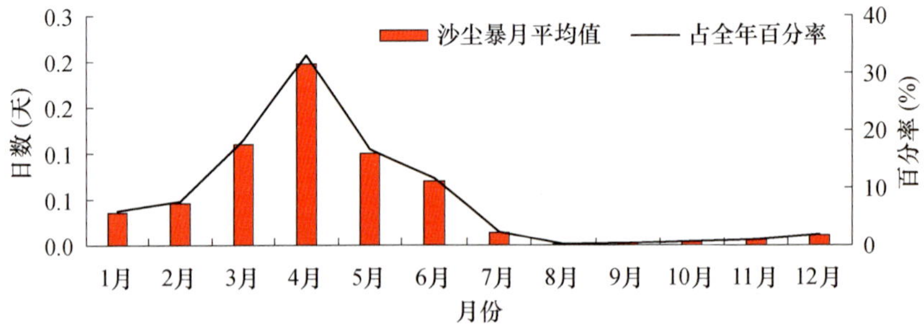

图3.79 1974—2018年河北省逐月平均沙尘暴日数

3.12.2 沙尘天气空间分布特征

3.12.2.1 沙尘天气多年平均出现日数

1974—2018年,河北省北部和东部沿海地区浮尘日数较少,大部分地区年平均浮尘日数不足2天,其中,唐山曹妃甸区最少,为0.3天。中南部偏西部地区较多,邢台宁晋最多,为25.6天(图3.80)。

1974—2018年,河北省东北部地区和中部偏西地区扬沙日数较少,大部分地区年平均扬沙日数不足4天,其中,承德兴隆最少,为0.3天。中南部偏西地区较多,邢台宁晋最多,为29.9天(图3.81)。

1974—2018年,河北省东北部地区和中部偏西地区沙尘暴日数较少,大部分地区年平均沙尘暴日数不足0.2天,其中,承德兴隆、宽城,秦皇岛市区、青龙,唐山遵化5个县(市、区)45年间未出现沙尘暴。西北部和中南部偏东地区相对较多,其中,张家口康保最多,为4.4天(图3.82)。

3.12.2.2 沙尘天气年最大日数分布特征

建站至2018年,河北省年浮尘日数最大值分布整体南多北少。东北部大部分地区日数不足20天,其中,承德平泉、唐山丰南、皇岛青龙、廊坊永清最少,为5天;中南部地区较多,大部分地区在20天以上,其中,邢台宁晋最多,为136天,出现在1981年(图3.83)。

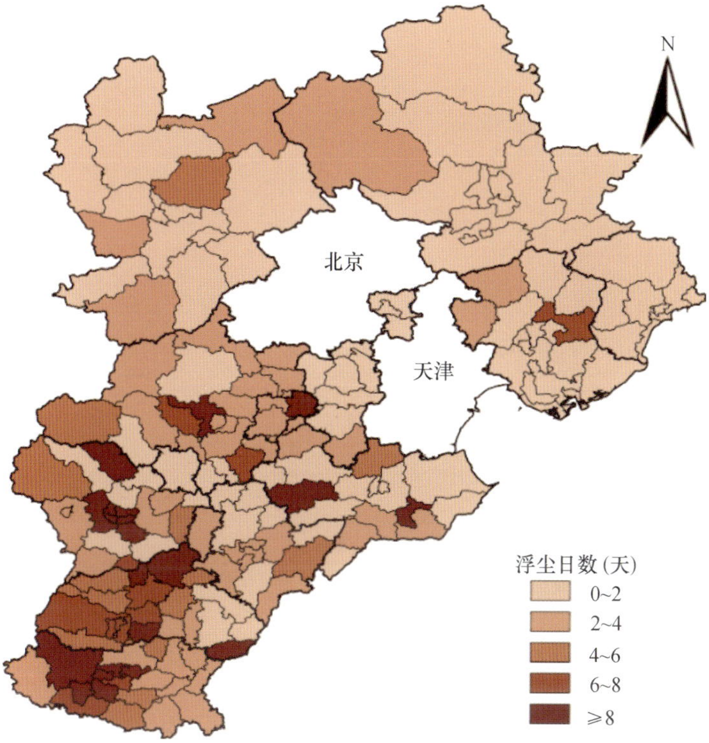

图 3.80　1974—2018 年河北省年平均浮尘日数分布图

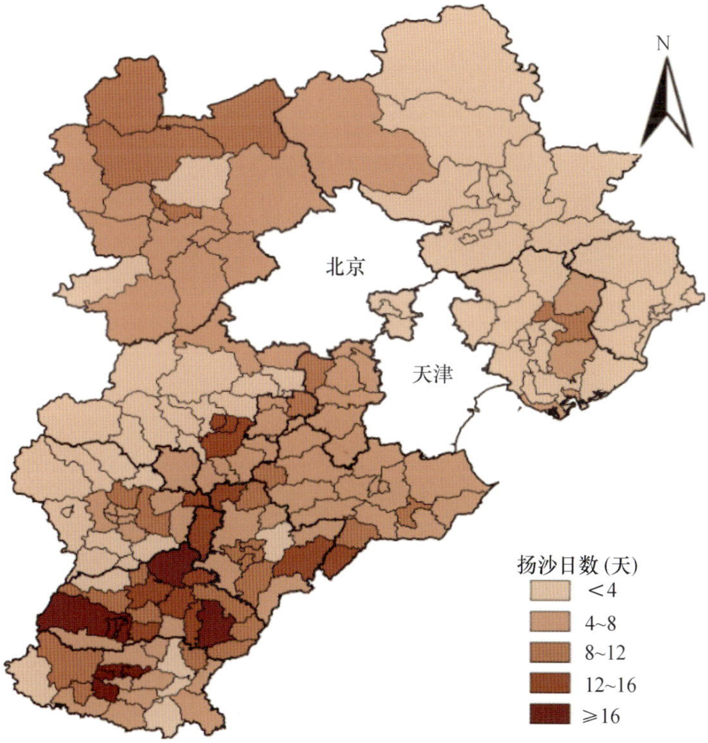

图 3.81　1974—2018 年河北省年平均扬沙日数分布图

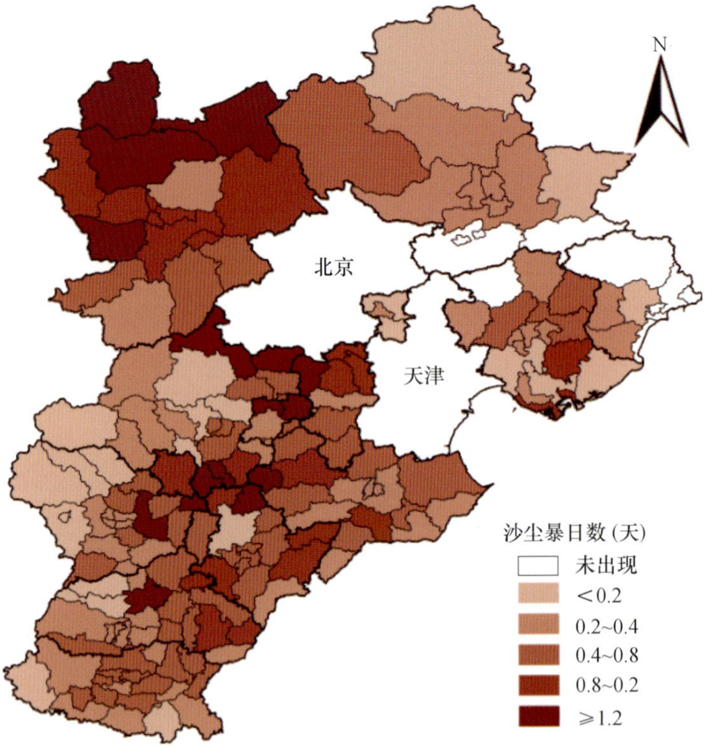

图 3.82 1974—2018 年河北省年平均沙尘暴日数分布图

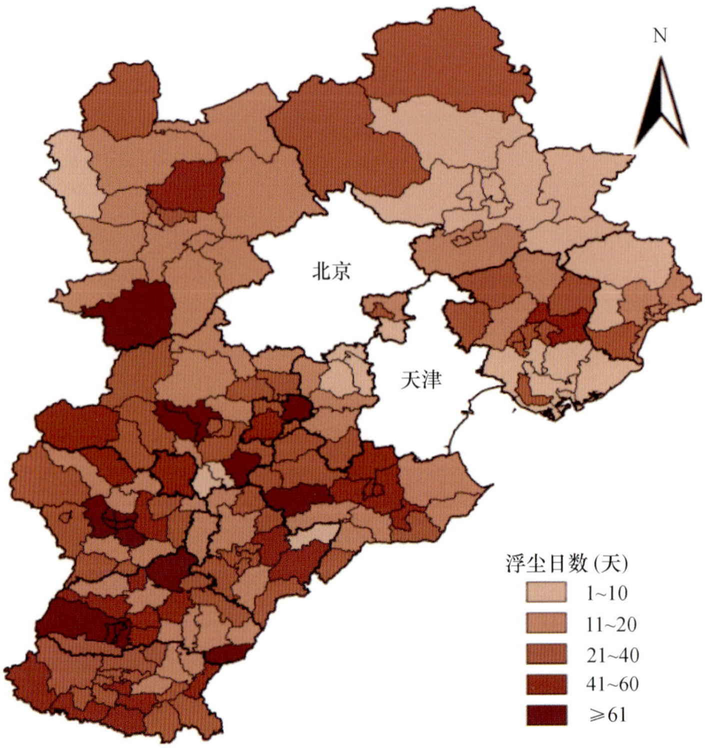

图 3.83 建站至 2018 年河北省年最多浮尘日数分布图

建站至2018年，河北省年扬沙日数最大值分布整体南多北少。东北部地区和中部偏西地区日数较少，大部分地区不足20天，其中，承德兴隆最少，为3天，出现在1960年；中南部偏东、偏南地区较多，邢台宁晋最多，为86天，出现在1973年（图3.84）。

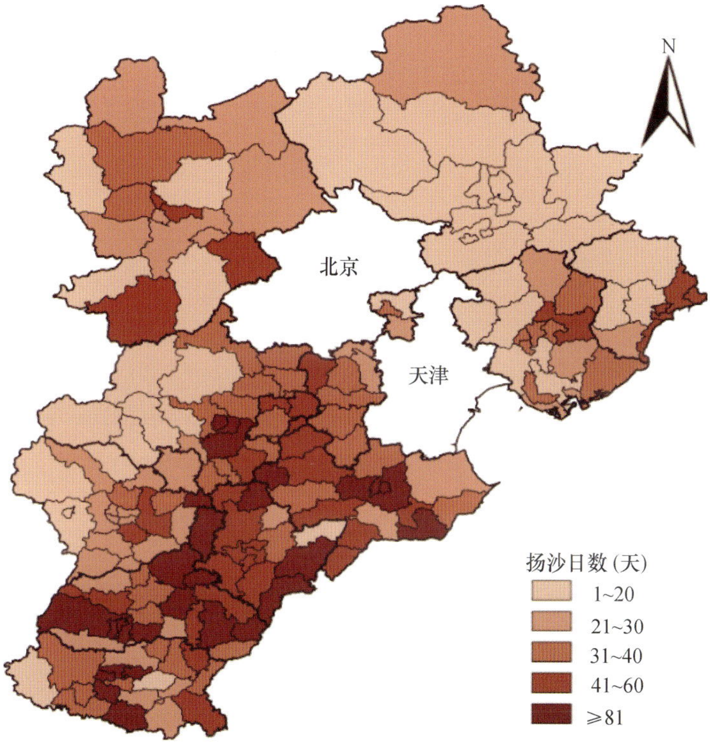

图3.84　建站至2018年河北省年最多扬沙日数分布图

建站至2018年，河北省年沙尘暴日数最大值地理分布整体“中间大两端小”。北部承德沙尘暴日数大部分市（县）不足5天，其中，承德兴隆未出现沙尘暴；西北部和中部地区日数较多，其中，张家口张北最多，为81天，出现在1956年（图3.85）。

3.12.3　典型个例

2015年4月15—16日，受强冷空气和地面蒙古气旋的共同影响，河北省大部分地区出现6级以上大风天气，其中，有32个县（市、区）出现8级以上大风，张家口康保县和尚义县出现10级大风，康保县最大，为28.4米/秒。36个县（市、区）出现沙尘天气，其中，张家口康保县、沽源县、张北县、尚义县、宣化区、崇礼区、涿鹿县7个县（区）出现沙尘暴。28个县（市、区）日最低能见度不足500米，其中张家口最低，为81.2米。沙尘天气出现期间，PM_{10}浓度明显升高，全省绝大部分地区PM_{10}最大小时IAQI指数在500以上，给人体健康造成不利影响。大风、沙尘天气给居民出行带来严重不便，使车辆行驶缓慢，并造成交通事故多发。据河北省高速公路管理局消息，4月15日11时15分京港澳高速京石段正定附近发生交通事故，使车辆

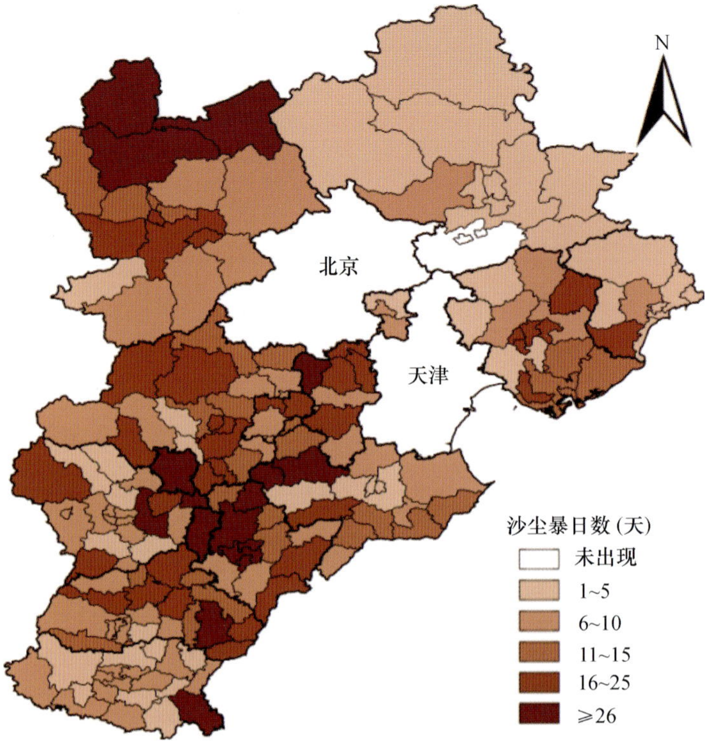

图3.85 建站至2018年河北省年最多沙尘暴日数分布图

通行缓慢;4月15日13时09分,张涿高速保定段涞水附近发生交通事故,造成车辆拥堵。

2017年5月4—5日,受冷锋过境影响,河北省绝大部分极大风速在6级以上,其中,全省有76个县(市、区)极大风速在8级以上,张家口康保县、怀来县,承德丰宁满族自治县,石家庄赞皇县和邢台市区共5个县(市)极大风速在10级以上,张家口康保县最大,为30.3米/秒(11级)。120个县(市、区)出现浮尘,87个县(市、区)出现扬沙,未出现沙尘暴。受沙尘天气影响,河北省PM_{10}、$PM_{2.5}$浓度显著升高,各地PM_{10}的最大小时IAQI指数在500以上,大部分地区$PM_{2.5}$最大小时IAQI指数在300以上,给人体健康造成不利影响。沙尘天气影响期间,能见度明显降低,全省有55个县(市、区)最小能见度不足1000米,其中,11个县(市、区)最小能见度不足100米,邢台临城县最低,为67米。受低能见度影响,多条高速公路关闭使用。另外,大风将一些大树刮折刮倒,5月5日上午7时,石家庄裕华区尖岭小区34号楼南面一棵大树被大风刮倒,并砸中三辆汽车。

3.13 气象灾害防御现状和形势要求

3.13.1 现状分析

河北省委、省政府高度重视气象灾害防御工作。省政府从2012年开始持续开展气象防灾减灾绩效管理考核工作，各级地方党委、政府对气象灾害防御的重视程度和支持力度进一步加大。目前，基本建立了高效、严密的气象灾害防御体系，气象灾害防御效果明显，全省因气象灾害造成的直接经济损失占GDP比率由“十二五”的年均0.65%降到“十三五”的0.46%。全省公众气象服务满意度从2016年的85.24分提升至2020年的92.67分。

气象灾害防御组织与责任体系基本形成。省、市、县三级均成立气象灾害防御指挥部，气象灾害防御技术支撑队伍不断扩大，全省实现了乡镇(街道)气象信息服务站和行政村(社区)气象信息员全覆盖，县(市、区)政府将气象防灾减灾工作纳入乡镇(街道)政府职责。

气象防灾减灾法规标准体系基本形成。修订了《河北省实施〈中华人民共和国气象法〉办法》；修订了《河北省防雷减灾管理办法》《河北省人工影响天气管理规定》，出台了暴雨、大风等分灾种防御办法，制定了《河北省重大气象灾害应急预案》《河北省气象灾害普查办法》。市县两级政府出台暴雨、暴雪等分灾种防御办法实施细则。利用多种形式向公众开展了气象法律法规知识宣传，普法力度进一步加强。

气象灾害监测预警能力进一步提高。气象灾害综合监测能力不断加强，多部门共享的8995个气象观测站组网运转，气象观测站乡镇覆盖率达100%。0～10天无缝隙智能网格预报产品体系基本形成。精细化、无缝隙的现代气象预报预测系统基本形成，精细化预报产品时空分辨率达1小时和1千米，暴雨预警准确率达到85%，雷电、冰雹等预警提前量达63分钟。建成突发事件预警信息发布系统，气象灾害预警信息覆盖率达90%以上。

气象灾害风险管理业务初步形成。开展了主要气象灾害风险普查试点，初步建立了气象灾害防御基础数据库，完成河北省暴雨、冰雹、大风等灾害风险地图编制，联合相关部门开展了山洪灾害气象预警、地质灾害气象预警、城市内涝等灾害风险预报预警业务，完成了基层气象防灾减灾标准化建设，省市县三级部署了气象灾害防御决策支撑平台。

气象灾害防御标准示范建设取得一定进展。全省共建成国家标准化现代农业气象服务示范县5个、标准化气象灾害防御示范乡(镇)48个、气象防灾减灾示范村15个。建成全国综合减灾示范社区277个，各市共建设11处特色农业及水源地人影作业基地，县(市、区)建成96处标准化作业点。

同时，对标党和国家对气象工作的要求以及全省经济社会发展的需求，在气象灾害防御工作方面还存在一些不足。一是气象灾害精密监测、精准预报能力还存在一定薄弱环节，海陆空天一体化观测体系尚未形成，无缝隙、全覆盖、精准化的气象灾害预报预警体系还需完善。二是气象灾害风险管理理念尚未树牢，气象灾害风险管理全链条业务还存在短板和弱项，人工智能、大数据等新一代信息技术应用的深度和广度还不够。三是气象灾害预警信息发布距离精准发布和全覆盖还有一定差距，特别是预警信息面向基层延伸、面向重点领域和重点行业等发布能力不足。四是气象灾害防御技术支撑能力不足，专业技术队伍力量薄弱，科技支撑能力不够。五是区域气象灾害防御水平不平衡。城市高风险、农村不设防状况尚未改变，基层城乡抵御气象灾害的能力有待提高，区域气象灾害防御由于地区差别还存在不平衡，经费保障程度、渠道不一。

3.13.2 形势要求

“十四五”是我国开启全面建设社会主义现代化国家新征程的关键时期，是“两个一百年”奋斗目标的历史交汇期。当前和今后一个时期，我国发展仍然处于重要战略机遇期，但机遇和挑战都有新的发展变化。习近平总书记对综合防灾减灾救灾、自然灾害防治体系建设、生态文明建设等作出系列重要指示，特别是习近平总书记对气象工作的重要指示精神，指明了新时代气象事业发展的根本方向、战略定位、战略目标、战略重点、战略任务，也是新时期气象灾害防御工作的根本遵循和行动指南。生态文明、乡村振兴、军民融合、京津冀区域协调发展等重大战略的实施，经济强省、美丽河北建设以及雄安、冬奥等也都对气象灾害防御能力建设提出了更高要求。

随着全球气候变暖和我省经济社会发展，自然灾害承灾体体量持续高速增长，极端气象灾害的巨大破坏性成倍扩大，气象灾害仍然是制约河北省经济转型发展和生态环境建设的重要因素。新时期各级政府提升公共服务和社会治理能力，保障社会安全、风险防控和重大战略实施，亟需补齐气象防灾减灾工作短板，强化无缝隙全覆盖气象灾害预报预警能力提升，实现气象灾害监测预警信息发布准确及时，充分发挥气象防灾减灾第一道防线作用。

04

第4章 主要气象灾害风险区划

4.1　气象灾害风险系统的构成

灾害系统理论的核心内容是：自然灾害灾情是区域特定孕灾环境、致灾因子与承灾体相互作用的结果。其中，孕灾环境是大气圈、岩石圈、水圈、生物圈和冰冻圈所组成的综合地球表层环境，包括地形、地表覆盖等自然环境和基础设施、房屋、交通等人文环境，它会对灾害强度和承灾体的脆弱性产生影响。致灾因子是孕灾环境中不稳定、被动超过特定阈值而对承灾体形成打击影响的异变因子。承灾体是致灾因子的作用对象，包括人类本身及所在的社会经济系统以及各种自然资源与环境，承灾体的性质和暴露情况决定了其受灾的易损性。灾害系统理论是河北省气象灾害风险区划原则的制定、区划指标体系的构建等依据的基本理论。

气象灾害风险是指气象灾害发生及其给人类社会造成损失的可能性，即损失的期望值，既包括了自然因素的作用，也包括了人类社会承受或适应自然环境变化能力的作用。灾害风险的形成由灾害系统各因子综合作用而构成，其过程可分为两个阶段：一是不稳定的孕灾环境中的气象、水文等异变因子突破临界阈值、形成致灾因子的过程，即“致灾过程”，其结果是随机产生的致灾因子类型和强度，其不确定性通常用致灾因子的“危险性”进行描述；二是致灾因子作用于承灾体、形成打击、造成损害的过程，也被称为“成害过程”，而打击强度与损失程度之间的关系则通常用“脆弱性”进行定量描述。气象灾害风险的大小由致灾因子危险性、承灾体的暴露度和脆弱性共同决定。灾害风险科学理论是河北省主要气象灾害综合风险区划中风险评估指标和方法选择等依据的基本理论。

4.2　气象灾害风险区划原则

4.2.1　综合性与主导因素原则

灾害系统是自然和人相互作用的复杂系统，区划中要遵循综合性原则。从系统层面看，综合风险区划是对孕灾环境、致灾因子、承灾体和灾情等子系统的综合划分。从区划指标层面看，每一个子系统都可以分解成若干指标并构成指标体系，以此进行综合区划。

在河北省主要气象灾害综合风险区划过程中，要充分考虑区域灾害的发生发展，区域孕灾环境的控制和致灾因子类型的制约；与此同时，特别关注几种脆弱性强、损失大的承灾体对综合风险的深远影响。把握这些主导因素，可以更为深刻地揭示河北省主要气象灾害综合风险的时空分异规律。因此，在贯彻综合性原则的同时，还要兼顾主导因素的原则。

4.2.2 地域共轭性原则

地域共轭性原则要求所划分的区域在空间上是完整的，既没有空白区，也没有重复区，是在地域分异理论指导下，强调“类型划分”与“区域划分”的结合，“等级划分”与“关键区域划分”的结合。“类型划分”和“等级划分”反映的是最小尺度上的空间分布规律，而“区域划分”与“关键区域划分”是在“类型划分”和“等级划分”的基础上，反映更高一级尺度的空间分布规律。因此，对于不同的空间尺度，采用自下而上合并和自上而下划分相结合，实现“区域划分”与“类型划分”或“等级划分”与“关键区域划分”的共轭。“区域划分”与“关键区域划分”的完成，前提条件是完成“类型划分”和“等级划分”。

4.2.3 保持县域行政界线完整性原则

多源信息数据库和GIS(地理信息系统)技术是现代区划的技术支撑。河北省主要气象灾害综合风险区划涉及多种来源的信息，主要有自然单元(如地形等)、社会经济单元(如灾情经济损失、行政区)、信息单元(如遥感信息)等，区划的信息综合技术过程，实质上就是不同类型单元的信息匹配过程。在这个过程中，县域单元是国家的灾情和救助基本单元，因此区划界线要求保持县域的完整性。

4.2.4 定量与图谱互馈原则

运用各种信息采集手段和GIS技术，建立自然灾害数据库和图谱系统，用数字化手段统一处理灾害综合风险区划问题，最大限度地集成和利用有关灾害系统的信息资源。在多源信息原始数据库基础上，采用双轨方式(数据库系统和图谱系统)，在数据和图形的协调中，通过多种模型运算，不断派生和优化出新的数据和图形，形成区划过程的数据库系统和图谱系统，在区划成果中以“数字灾害风险区域”的方式呈现。

从区划的目的、过程与管理角度，提出一边进行区划，一边应用区划的新思路，坚持区划的动态可更新性、系统的可操作性、区域划分的实用性。

4.3 气象灾害风险区划方法

河北省主要气象灾害综合风险区划属于多要素、多指标(不同年遇型损失值、期望损失)的区划，涉及数据库系统构建、图谱系统构建、主要承灾体风险评估、区划方案体系构建、区划动态管理系统构建5个系统的构建过程，流程如下(图4.1)。

河北省主要气象灾害风险区划分为主要承灾体损失风险评估和综合风险区划两大关键环节，包括主要承灾体风险评估方法(致灾因子危险性评估方法、承灾体脆弱性评估方法及损失风险评估方法)和风险区划的指标体系及技术手段。

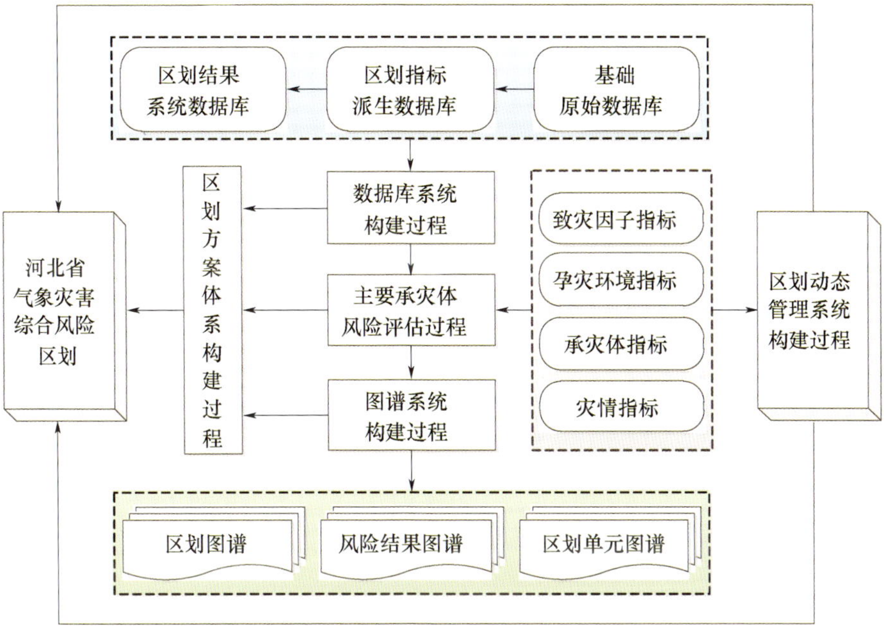

图 4.1　河北省主要气象灾害风险区划技术流程图

4.3.1　致灾因子危险性评估方法

选取年极值(Annual Maximum,AM)作为致灾因子危险性评估的主要指标,采用极值分布理论进行重现期的计算,按照年最大取样的数据用 P-Ⅲ型、Weibull、对数正态等分布函数对各个站点样本进行拟合,选择最优拟合分布,通过反函数计算不同重现期(Return Period,RP)的致灾因子强度。

4.3.2　承灾体脆弱性评估方法

根据灾情数据,采用"致灾强度指数-灾害受灾率"反演法进行承灾体脆弱性评估。选择线性、多项式、指数、高斯、logistic 等曲线进行拟合,选择拟合度最高的函数来刻画承灾体的脆弱性,可得到定量损失风险。若受灾情数据限制,承灾体的脆弱性意义以承灾体的暴露度替代,通过风险矩阵法得到相对风险等级。

4.3.3　损失风险评估方法

4.3.3.1　定量风险

根据风险评估理论体系,其计算公式如下:

$$R(t)=V(H(t))\times E \tag{4.1}$$

式中,$R(t)$为 t 年一遇的损失风险;$H(t)$为 t 年一遇的致灾因子强度,V 为承灾体脆弱性函数,E 为承灾体的暴露度或价值。

期望损失风险的计算公式如下:

$$R_k = \sum_{i}^{100} P_k(i) \times V_k[H_k(i)] \times E_k \tag{4.2}$$

式中,R_k为第 k 个网格的期望损失风险;$P_k(i)$为第 k 个网格的致灾因子概率分布,$V_k[x]$为第 k 个网格承灾体脆弱性函数,E_k为第 k 个网格承灾体的暴露度或价值。

4.3.3.2 风险等级

相对风险等级,公式如下:

$$R_L = H_g \times V_m \times E \tag{4.3}$$

式中,R_L为相对风险等级,H_g为致灾因子相对强度等级,V_m为承灾体脆弱性等级,E 为承灾体的暴露情况或价值等。

将标准化之后的危险性(H)按照自然断点法分成极低、低、中、高、极高五类并赋值为 1～5,脆弱性(V)按照分位数法分成极低、低、中、高、极高五类并赋值为 1～5。根据公式,风险(R)是危险性(H)和脆弱性(V)的乘积。根据灾害风险分级矩阵,将最终风险值分成五类:极低风险(1～5),低风险(5～10),中等风险(10～15),高风险(15～20),极高风险(20～25),如图 4.2所示。

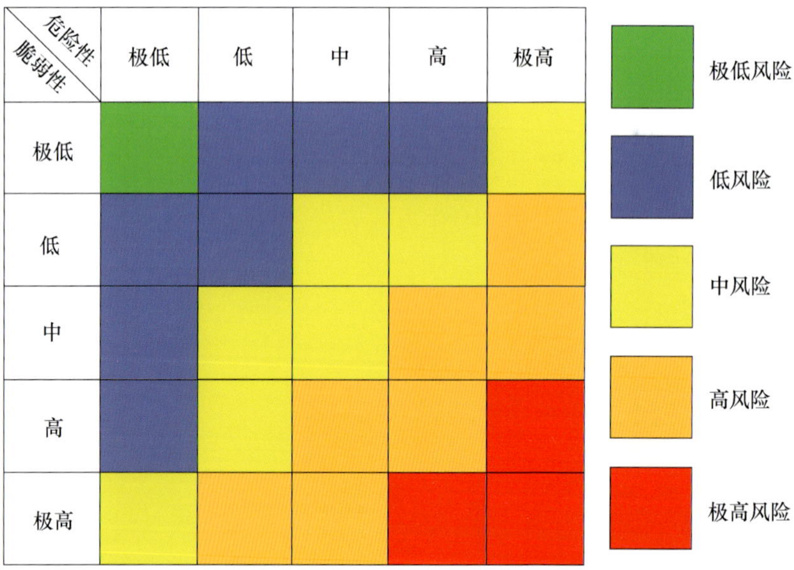

图 4.2 灾害风险分级矩阵图

4.3.4 综合风险区划指标体系

在风险区划原则的指导下,考虑由孕灾环境系统、致灾因子系统、承灾体系统相互作用下形成的风险系统特征,在数据库的支持下,构建综合风险区划的指标体系,由不同重现期、不同承灾体的损失风险和期望损失组成。

4.3.5 技术手段

区划的技术手段主要有叠置法、主导标志法、地理相关法、景观制图法、聚类分析方法,以定量分析为基础，以专家经验与判断为定性决定。其中，聚类分析法是在拥有区域基本单元数据库的前提下，利用多要素数据、在一定聚类原则的前提下，将基本单元进行分类和归纳的区划方法。这一方法主要采用自下而上合并的区划思路。聚类分析得到的相似系数与差异系数等统计特征则成为划分区域基本单元之间相似或亲疏程度的测度。空间聚类分析则是聚类分析在空间对象上的延伸应用，是指依据多指标将空间数据集中的对象分成由相似对象组成的类，同类中的对象间具有较高的相似度，而不同类中的对象间差异较大。

4.4　主要气象灾害风险区划

4.4.1　暴雨洪涝灾害综合风险区划

以农作物、人口、经济为主要承灾体，编制河北省暴雨洪涝灾害综合风险区划(图 4.3)。河北省暴雨洪涝灾害风险总体呈现山区高、平原和沿海次之、高原最低的分布特征。暴雨洪涝灾害高风险区主要分布在太行山和燕山山区，包括承德南部、秦皇岛、唐山北部、廊坊北部、保定西北部以及石家庄、邢台和邯郸的西部地区；暴雨洪涝灾害中风险区主要分布在山前平原至沿海地区，包括保定、石家庄、邢台和邯郸的太行山以东地区，秦皇岛南部、唐山南部以及沧州、衡水；暴雨洪涝灾害低风险区分布在张家口和承德，张家口地区风险最低。

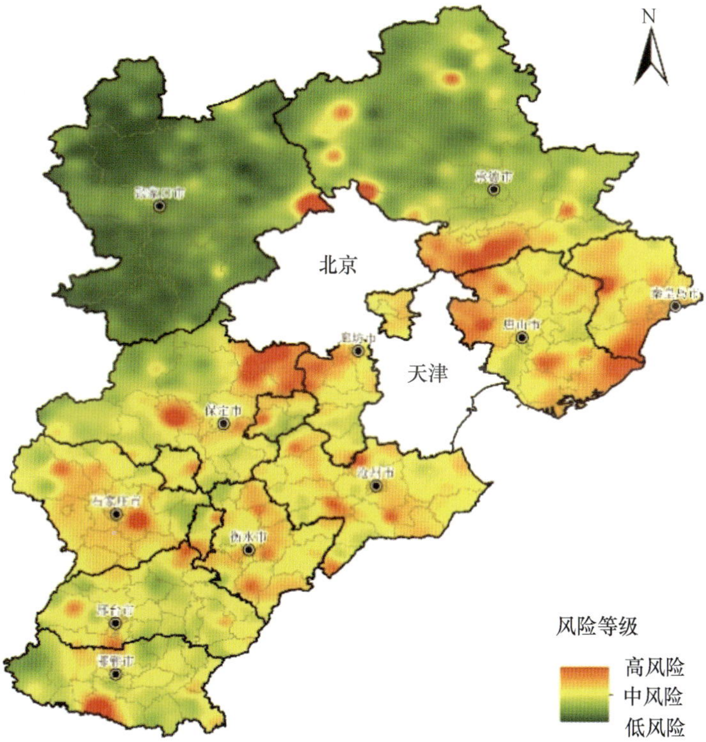

图 4.3　河北省暴雨洪涝灾害综合风险区划图

4.4.2 干旱灾害综合风险区划

以冬小麦、玉米、林果、人口和经济为主要承灾体，编制河北省干旱灾害综合风险区划(图4.4)。河北省干旱灾害风险总体呈现西北低、东南高的分布特征。干旱灾害高风险区主要分布在河北省东南部，包括唐山南部、沧州、衡水、石家庄东部、邢台东部与南部、邯郸中部和东部；干旱灾害中风险区分布在燕山南部和太行山脉东麓，包括秦皇岛、唐山北部、保定西部、石家庄西部、邢台西北部、邯郸西部；干旱灾害低风险区分布在张家口、承德地区。

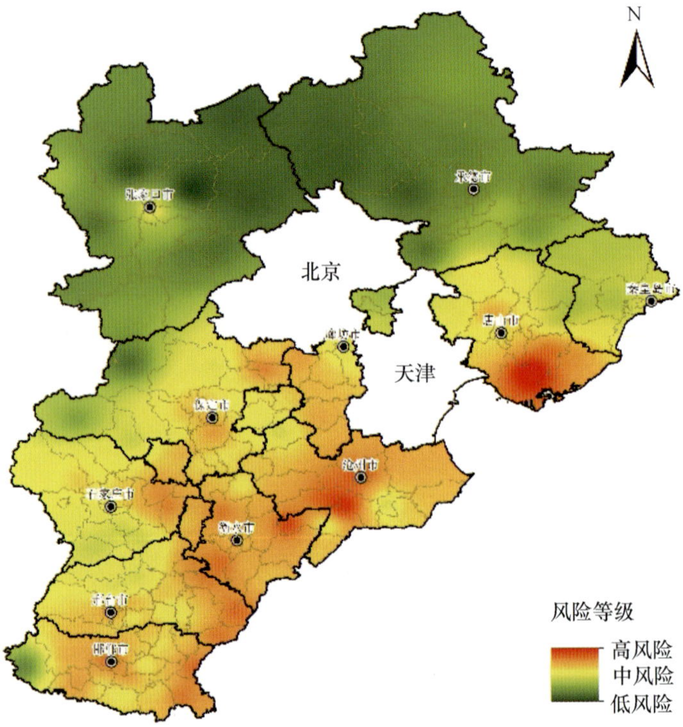

图4.4 河北省干旱灾害综合风险区划图

4.4.3 大风灾害综合风险区划

以设施农业、林果和经济为主要承灾体，编制河北省大风灾害综合风险区划(图4.5)。河北省大风灾害风险总体呈现山区低、其他区域高的分布特征。大风灾害高风险区主要分布在河北省西北部和东南部，包括张家口西部、承德北部、廊坊、沧州东部沿海、衡水、邢台东部和邯郸东部；大风灾害中风险区分布在山区向平原的过渡带；大风灾害低风险区主要分布在太行山脉与燕山山脉一带。

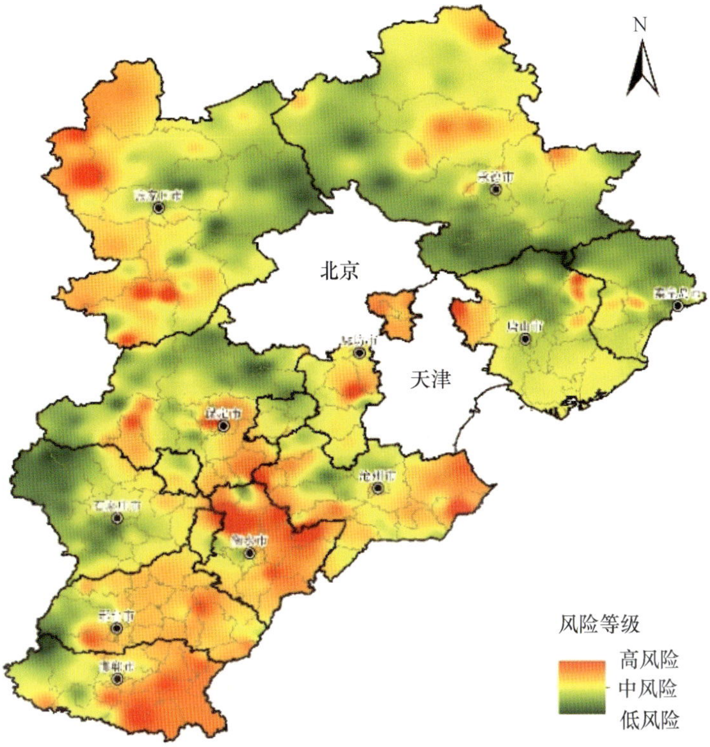

图 4.5　河北省大风灾害综合风险区划图

4.4.4　雷电灾害综合风险区划

以乡村家电、乡村用电量、乡村人口和防雷安全监管对象为主要承灾体，编制河北省雷电灾害综合风险区划（图 4.6）。河北省雷电灾害风险呈分散性不均匀分布特点。雷电灾害高风险区主要分布在张家口西部、唐山东部和秦皇岛西部、石家庄东部、衡水中部；雷电灾害中风险区主要分布在张家口中部和东部、承德西北部、唐山和秦皇岛东部、保定中部和西部、沧州中部、衡水西部；雷电灾害低风险区分布在张家口北部、承德东北部和南部、廊坊、沧州东部、石家庄西部、邢台东部和邯郸。

4.4.5　雪灾综合风险区划

以经济、畜牧业、民用汽车和交通为主要承灾体，编制河北省雪灾综合风险区划（图 4.7）。河北省雪灾风险总体呈现西北高、东南低的分布特征。雪灾高风险区分布在张家口中部、承德南部、唐山西北部和东南部，保定东北部；雪灾中风险区主要分布在张家口、承德、唐山、秦皇岛北部、廊坊中部和南部、石家庄西部和邯郸西部；雪灾低风险区主要分布在太行山以东、燕山以南的平原和沿海地区。

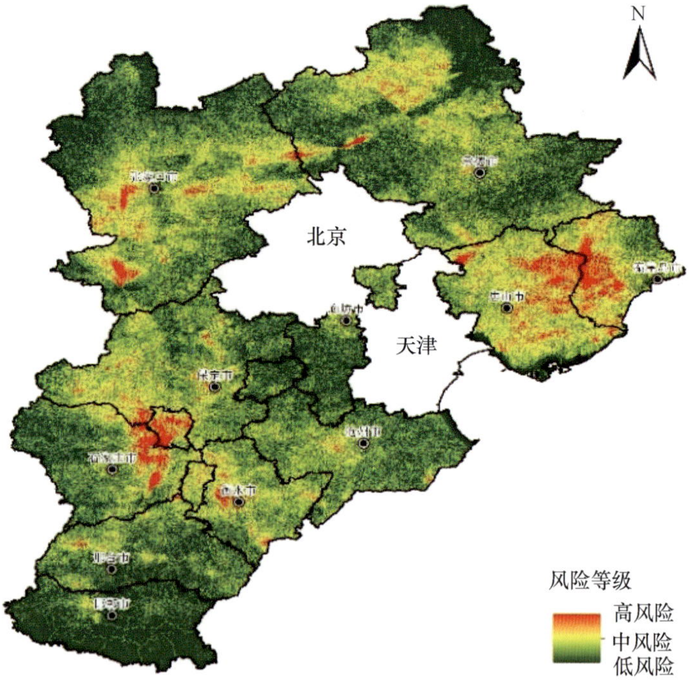

图 4.6　河北省雷电灾害综合风险区划图

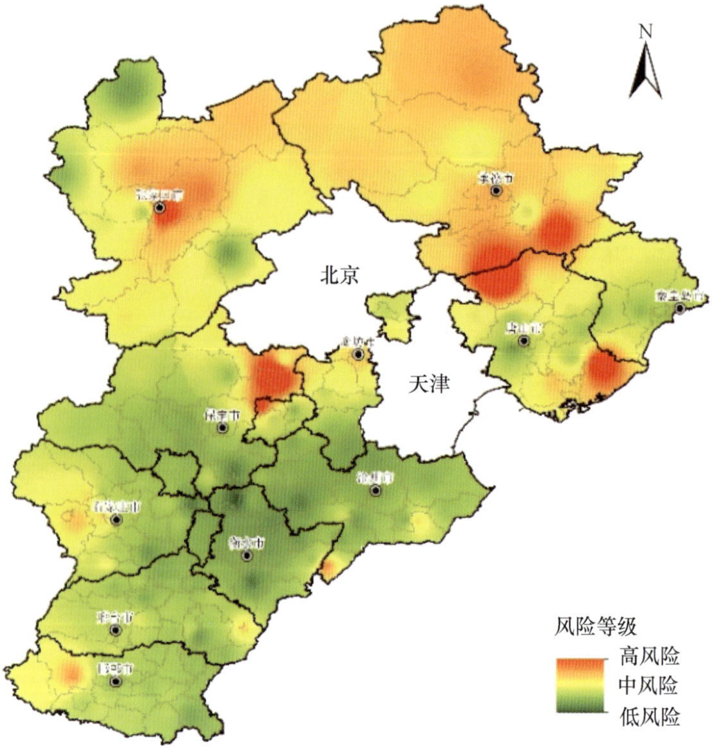

图 4.7　河北省雪灾综合风险区划图

4.4.6　大雾灾害综合风险区划

以脆弱人口、设施农业、民用汽车和高速公路为主要承灾体，编制河北省大雾灾害综合风险区划（图 4.8）。河北省大雾灾害风险总体呈现南高北低的分布特征。大雾灾害高风险区主要分布在河北南部，包括廊坊北部、雄安新区西部、保定西南部、石家庄南部、衡水西部、邢台和邯郸东部；大雾灾害中风险区主要分布在唐山南部、廊坊南部、保定中部、沧州、石家庄西北部和衡水东部；大雾灾害低风险区主要分布在张家口、承德、唐山北部和秦皇岛。

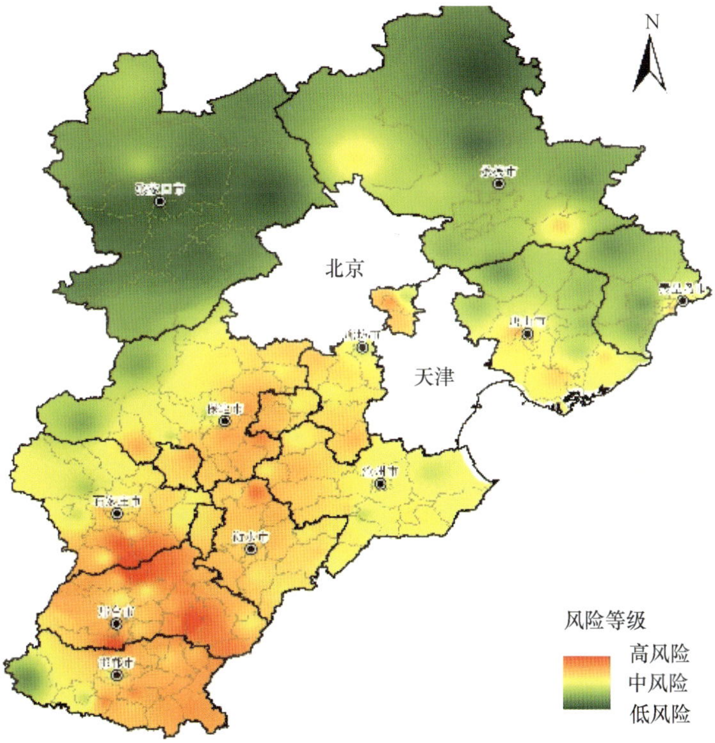

图 4.8　河北省大雾灾害综合风险区划图

4.4.7　高温灾害综合风险区划

以脆弱人口和危化企业为主要承灾体，编制河北省高温灾害综合风险区划（图 4.9）。河北省高温灾害风险总体呈现东南高、西北低的分布特征。高温灾害高风险区分布在廊坊南部、保定南部、石家庄、沧州、衡水、邢台中部、邯郸中部；高温灾害中风险区主要分布在秦皇岛南部、唐山南部、廊坊北部、保定北部，以及石家庄、邢台、邯郸的西部太行山区一带；高温灾害低风险区主要分布在张家口、承德、唐山北部和秦皇岛北部地区。

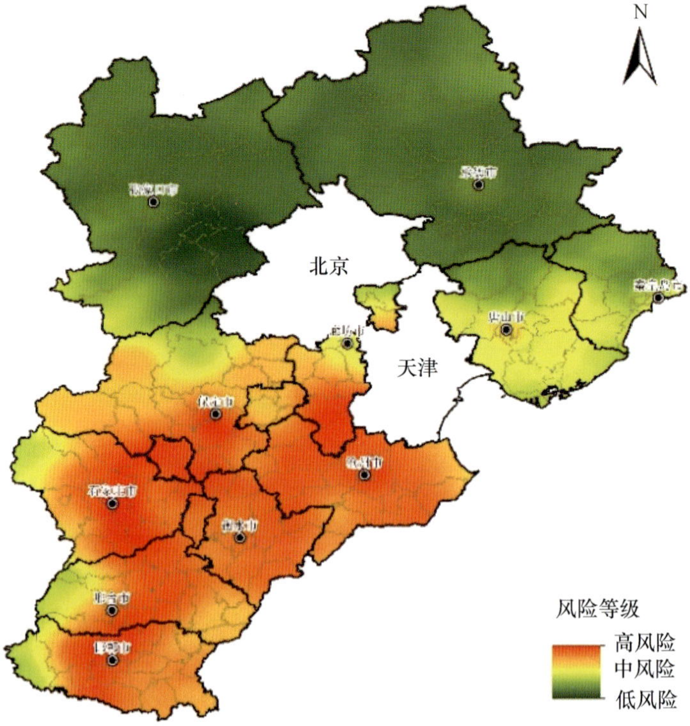

图 4.9　河北省高温灾害综合风险区划图

4.4.8　冰雹灾害综合风险区划

以玉米、小麦和林果为主要承灾体，编制河北省冰雹灾害综合风险区划(图 4.10)。河北省冰雹灾害风险总体呈现西北高、东南低的分布特征。冰雹灾害高风险区分布在张家口北部、承德北部和保定西北部；冰雹灾害中风险区主要分布在张家口南部、承德中部和南部、唐山北部、秦皇岛北部；冰雹灾害低风险区分布在燕山以南地区，包括秦皇岛南部、唐山中部和南部、廊坊、保定、石家庄、沧州、衡水、邢台和邯郸。

4.4.9　低温冷冻灾害综合风险区划

以冬小麦和林果为主要承灾体，编制河北省低温冷冻灾害综合风险区划(图 4.11)。河北省低温冷冻灾害风险总体呈现西北高、东南低的分布特征。低温冷冻灾害高风险区分布在张家口和承德等坝上地区；低温冷冻灾害中风险区主要分布在太行山和燕山山区一带，包括秦皇岛北部、唐山北部、保定西北部、石家庄西部、邢台西部和邯郸西部；低温冷冻灾害低风险区主要分布在平原和沿海地区，包括秦皇岛南部、唐山南部、廊坊南部、保定东部、石家庄东部、沧州、衡水、邢台东部和邯郸东部。

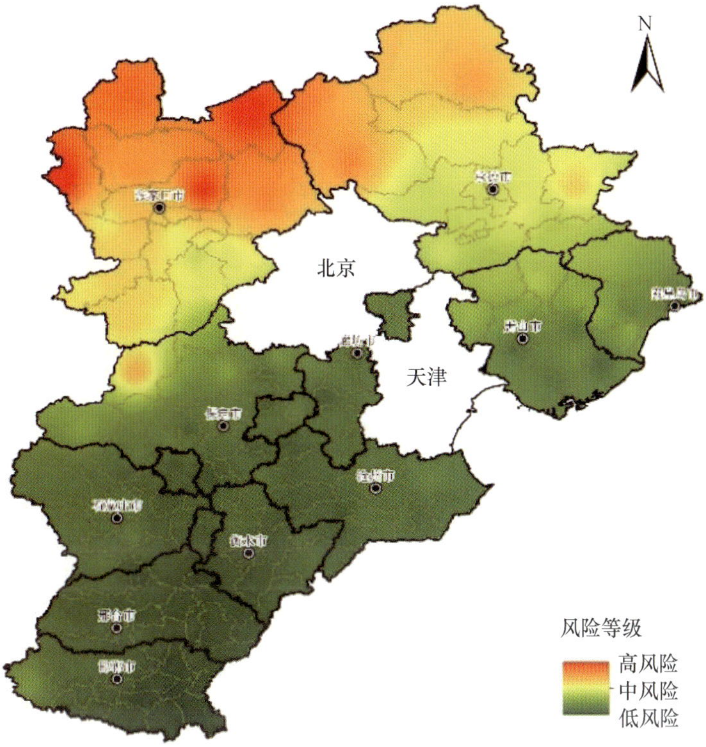

图 4.10　河北省冰雹灾害综合风险区划图

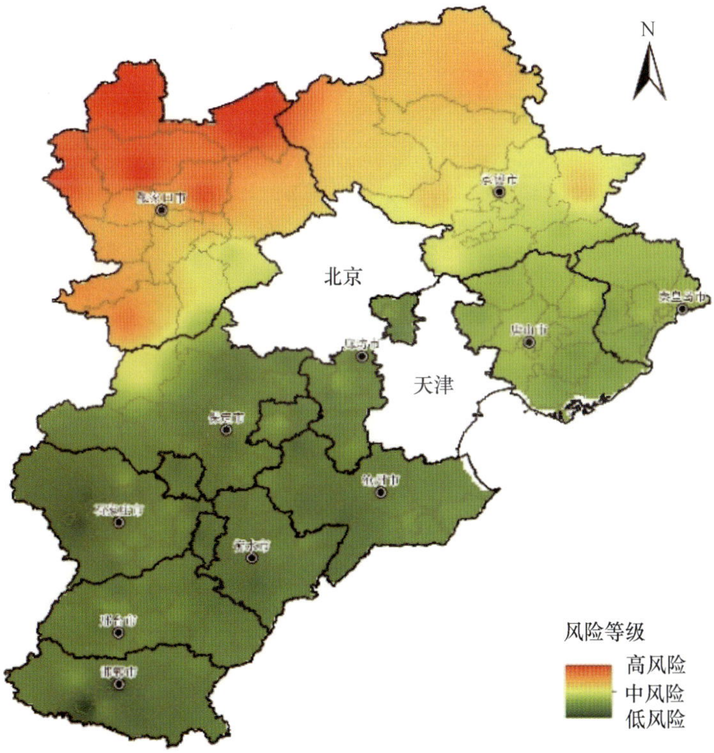

图 4.11　河北省低温冷冻灾害综合风险区划图

05

第5章

气象灾害防御布局重点

河北省复杂多样的地形地貌使得高原、山地、平原与沿海等地区气象灾害风险的程度不一，城市、农村的气象灾害防御重点不同，农业、交通运输、电力等行业受气象灾害影响的敏感程度也不相同。因此，必须按照点面结合、全面防御、突出重点的气象灾害防御布局，组织开展气象灾害防御工作。

5.1　区域布局重点

5.1.1　坝上高原地区

坝上高原地区指张家口和承德两地的北部高原地带。

该地区是大风、冰雹、雷电、低温冷冻、雪灾的高风险区。应加强建筑、工程规划设计时大风、雷电、暴雪等灾害的风险评估和气候可行性论证，充分考虑大风、雷电、暴雪对建筑工程的影响，加强防雷工程设施建设。大力开展人工增雨(雪)作业，开发空中云水资源，适时开展人工防雹作业。做好低温霜冻灾害监测预报预警工作，对农业、林果业提前采取有关防御措施。

5.1.2　燕山和太行山地区

燕山地区包括除坝上高原以外的张家口、承德与唐山、秦皇岛北部山区。太行山地区指保定、石家庄、邢台和邯郸四个地区的西部山区。

该地区是暴雨、雷电、低温冷冻、雪灾等气象灾害高风险区。应组网建设 X 波段天气雷达，加密建设地面气象观测站，提高暴雨灾害监测密度；开展特殊地形对暴雨的影响机理研究和中小尺度天气机理研究，不断提高暴雨洪涝、山洪等预报预警能力；组织开展区域气象灾害综合风险隐患调查与评估、监测预报预警等综合防灾减灾示范建设工作。

5.1.3　山前和中部平原地区

山前和中部平原区包括保定、石家庄、邢台和邯郸 4 个市京广线以东地区，以及衡水和沧州西部地区。

该地区是暴雨、干旱、大风、雷电、雪灾、大雾、高温灾害的高风险区。应重点加强有针对性的农业气象灾害防御，加强城市、农村防洪排涝等基础设施建设。开展区域气象灾害风险评估，合理布局重大工程建设项目；根据风险评估结果，及时调整气象灾害防御标准，加强重点经济区气象灾害防御基础设施能力建设。加强中小流域防洪抗旱基础设施建设，实现工程性与非工程性防御措施有机结合，构成完善的流域防洪抗旱减灾体系。大力开展人工增雨(雪)和人工防雹作业。

5.1.4　沿海地区

沿海地区包括沧州东部、唐山中南部和秦皇岛南部地区。

沿海地区是台风、大风、大雾等气象灾害的高风险区。应增加岸基与海基气象观测设备，加强部门合作与海洋监测信息共享，有效提升海洋环境实况获取能力与预报预警保障能力，完善海洋气象灾害监测预报预警业务；开展沿海地区气象灾害风险评估和海洋气候资源可持续开发利用的综合评估，修订防浪堤等建筑物防灾标准，加强气象害防御基础设施建设。

5.2 城乡布局重点

5.2.1 城市

城市是城市内涝、高温、雷电等灾害高风险区。应围绕城市规划布局建立气象灾害协同立体观测网；加强城市通风廊道研究；开展综合气象灾害风险预测、脆弱性分析、影响与风险评估。加强城市安全运行工程抗灾能力建设；结合大数据、人工智能等信息技术，开展城市气象灾害监测、评估与精细化管理，发展城市内涝快速订正、滚动研判和实时预警技术和系统建设，增强早期预警、提前防范的能力；保障城市气象灾害监测精密化、预警精准化、服务精细化，提高城市运行韧性。

5.2.2 农村

农村是低温冷冻、大风、雪灾、干旱、暴雨、雷电、冰雹等灾害的高风险区。农村气象灾害防御，要全面开展气象灾害综合风险普查，开展气象灾害风险评估和精细化区划，指导地方科学规划农业生产布局，促进城乡融合发展；优化农业农村气象灾害监测站点区域布局，提升特色农业气象灾害监测预警能力；完善气象灾害监测预警与信息发布基础设施建设，提高农村气象灾害预警信息的覆盖面与灾害网格化管理能力；深入开展特色农业气象指数保险服务工作，开展特色农产品气候品质认证，助力品牌农业发展；加强农村防灾科普宣传和农民防灾避灾技能培训，建设农村防灾科普宣传与技术培训基地，助力乡村振兴战略。

5.3 行业布局重点

气象灾害对不同行业的影响差异较大，特别是农业、林草业、生态环境、交通运输、水利、文化旅游等行业敏感程度较高。因此，分行业做好气象灾害防御布局重点，并精准施策尤为重要。

5.3.1 农业

重点应围绕粮食作物、设施农业、林果业开展农业气象灾害防御。针对粮食生产功能区、重要农产品生产保护区和特色农产品优势区，开展干旱、冰雹、霜冻、低温寡照、干热风等灾害实时监测、预报预警和风险评估，结合大数据、人工智能、物联网、卫星遥感等技术，推进农业气象灾害监测预警等防御能力发展。加强与保险部门和企业合作，建立主要农业气象灾害保险指数。加大重点区域、重要农事季节的人工增雨(雪)和防雹作业力度。

5.3.2　林草业

林草业气象灾害防御重点应面向森林草原火灾与林草业有害生物，建立健全林草业气象灾害监测预报、风险预警、评估服务一体化业务体系。进一步发展森林草原火灾卫星监测业务，加强对天气形势和火险气象预警等级的分析研判，提升森林防扑火人工影响天气作业能力，完善应对森林草原火灾火险事件的人工影响天气应急工作机制。加强林草业有害生物灾变及其气象条件监测预警评估技术支撑，提升林草业有害生物气象防控能力。拓展部门合作渠道，建立高效的信息共享机制，完善森林草原火灾、林草业有害生物监测预报业务并联合发布。

5.3.3　生态环境保护

着力开展生态环境保护，重点发展环境气象灾害监测预警、预报、评估技术能力，开展大气、农田、森林、草地、湿地等气象综合监测预警、风险评估能力建设；在城乡规划中开展精细化环境气象风险地图和区划建设，规划通风廊道、环境治理和保护，强化多污染物协同控制和区域协同治理；大力推进人工影响天气作业，进一步完善生态修复型人工增雨(雪)作业的业务布局；积极参与和引领应对气候变化等环保合作。

5.3.4　交通运输

基于智慧交通发展方向，发展深度融合交通生产、运输、调度、维护等各个环节的智慧交通气象服务体系，重点突出面向交通枢纽、运输干线以及重大建设工程的气象防灾减灾能力；围绕交通气象大数据、自动驾驶、交通应急系统、现代物流、智慧交通系统等领域，利用人工智能技术开展雨、雪、道路结冰、低能见度等高影响天气现象及交通气象灾害等图像自动识别；进一步加强气象与交通运输管理、调度部门的协调联动，发展“千米级预报、分钟级预警、点段式评估”等高分辨率技术能力，为交通部门规避气象灾害风险、保障交通安全提供综合解决方案。

5.3.5　水利

面向水利行业，应把防御大范围暴雨和持续性强降水引发的流域洪涝、山洪以及因降水偏少导致的大面积干旱等灾害放在首位，建立跨地区、跨部门的洪涝干旱联防工作机制，提高流域精细化雨量和致灾暴雨预报预测能力，建立集约化的气象灾害风险预警业务体系；对山区、沿海、沿河等水灾多发、易发区的基础设施规划，要做好气象灾害风险评估和气候可行性论证。

5.3.6　文化旅游

文化旅游行业应重点建立多部门合作的旅游气象综合防灾减灾机制，强化部门间灾害监测信息的实时共享；发展众包式旅游气象灾情监测收集手段，面向重点旅游区建立和完善旅游气象灾害监测预警系统,建立和完善旅游气象灾害应急预案,推动将旅游气象灾害观测系统纳入旅游基础设施建设规划,在A级景区等级评定标准中纳入气象灾害防御能力指标;基于手机定位、手机地图、移动社交等位置服务,发展为用户提供精准、个性的"无感"灾害防御信息服务;探索建立以导游为主体的文化旅游行业气象信息员队伍,面向旅游公众开展针对性的旅游气象灾害科普活动,提高公众气象灾害防御意识。

06

第 6 章

气象灾害防御主要任务

6.1　提高气象灾害监测预报预警能力

以发展立体协同的监测精密为目标，构建空间立体、区域协同的现代化观测网。以发展智能化、无缝隙的预报精准为目标，聚焦数值预报模式的本地化释用、智能预报、山地和海洋精细化气象预报等方面能力建设，完善气象灾害落区、强度、发生时段精细化预报，开展精细到乡镇的气象灾害预报预警服务，充分发挥气象灾害监测预报预警在防灾减灾中的先导作用。

6.1.1　发展立体协同的精密监测

提升立体协同监测能力。继续实施天气雷达技术升级改造，补充建设X波段雷达，填补气象灾害高风险区、山洪地质灾害多发区等监测盲区。在已有风廓线雷达基础上，补充微波辐射计、云雷达、气溶胶激光雷达等设备，构建立体协同监测网。利用岸基、海基和气象卫星，建设海洋气象观测网。实施地面气象监测站智能化升级改造。

发展观测资料综合应用技术。发展综合气象观测数据质量控制技术和标准数据集生产技术，提高精细化三维大气实况产品分析技术，强化重大(突发)灾害性天气实时监测分析，实现观测即服务。加强生态气象、环境气象、卫星遥感监测数据综合应用能力，丰富气象监测服务产品。

建立气象灾害综合监测网。建立和完善包括农业、海洋、交通、电力等专业监测网在内的气象灾害综合监测网，建立跨地区、跨部门的共建共享、联合监测机制，提高气象灾害联合监测水平。

6.1.2　发展智能无缝隙的精准预报

发展区域数值预报模式。发展适用于河北省的数值预报模式应用技术，提升中尺度数值模式在灾害性天气预报预警中的支撑作用。

提高智能预报预测能力。发展精细化、客观化预报预警技术，强化重大灾害性天气、局地突发灾害性天气的预报预警能力的提升。基于多源数据融合分析、数值预报模式释用、动力统计和人工智能等技术方法，开展无缝隙精细化客观预报预测技术的研发，提高智能预报预测能力。

发展山地、海洋精细化预报。加强海洋气象数值预报产品释用，建立具有河北特色的，为冬奥会、雄安新区建设和海洋经济发展提供气象保障支撑的山地、大城市和海洋精细化预报技术，补齐精准预报、精确预警能力不足的短板。

6.2　提高气象灾害预警信息发布能力

加强新技术、新媒体在预警信息发布中的应用，完成突发事件预警信息发布系统能力提升工程建设，建立多部门应用、多手段共享的新一代省级突发预警信息发布系统，为各部门提供预警信息发布平台和辅助决策服务。加强部门合作，推动构建广覆盖、立体化的预警信息发布手段，发展秒级精准靶向预警信息发布技术。健全预警信息发布和社会传播标准规范体系，通过“自己发、部门转、社会媒体播”三条线共同发力，提高预警信息发布覆盖面。

6.3 提高气象灾害风险防范能力

强化风险管理的支撑作用，全面开展气象灾害综合风险普查，编制精细化气象灾害风险区划，发展基于影响的气象灾害风险预报预警技术，加强气象灾害风险评估和区划成果的有效应用，在城乡规划编制过程中充分考虑气象灾害风险因素，为有效防御气象灾害提供科学依据。建立气象灾害风险评估制度，提升气象灾害风险管理能力。

6.3.1 开展气象灾害综合风险普查

编制河北省主要气象灾害风险普查实施细则，开展全省主要气象灾害（干旱、暴雨、雷电、大风、冰雹、高温、低温、雪灾、台风）风险普查工作，摸清全省气象灾害风险隐患底数，查明重点地区抗灾能力，客观认识气象灾害综合风险水平。研究省、市、县、村（社区）多尺度气象灾害风险区划技术，提升多空间尺度气象灾害风险评估和风险区划能力；针对山区等重点区域，研究小尺度或特色承灾体的主要气象灾害风险区划技术。研究综合风险区划技术，提升河北省气象灾害综合风险区划编制能力。

6.3.2 开展多源气象灾情收集与灾损定量化评估

进一步拓展气象灾情信息监测采集来源，研发不限地域、多种模态、易于推广的气象灾情信息识别提取算法。利用人工智能图像识别、自然语言处理等功能，实时搜索和挖掘互联网等灾情信息；研究协同利用天地空监测灾情的技术手段，快速获取灾情信息。针对极端气象灾害，发展灾害链情景构建与动态模拟等技术，提升灾害情景构建能力，满足灾后救援、救助、重建等综合应对的科技需求。发展基于遥感、部门共享、社会化等多种来源气象灾情的定量化损失评估算法，提高气象灾害损失综合评估能力。

6.3.3 加强气象灾害风险预警与评估能力

加强气象灾害的早期识别和立体监测能力。发展客观定量化致灾临界气象条件分析技术，细化气象灾害对不同承灾体的定量化风险评估指标，建立致灾临界阈值指标体系。构建气象灾害风险评估技术体系，针对暴雨、强对流、高温、暴雪、寒潮、大风等主要气象灾害，开展面向损失评估的承灾体定量化的脆弱性模型研究、气象灾害预评估技术研究、气象灾害影响范围及损失快速评估技术研究、气象灾害风险防范关键技术与标准体系研发，切实提升气象灾害风险评估水平。加强强降水诱发的山洪和地质灾害致灾动态阈值与风险预警技术研究，完善精细化中小河流、山洪和地质灾害气象风险预警业务；加强雷电灾害风险预警及评估技术研究。开展针对特殊承灾体（高影响区、高敏感行业等）和重点单位的气象灾害风险评估。

6.3.4　提升气象灾害风险管控能力

建立气象灾害及次生灾害联合调查常态化机制，加强气象灾害定量化风险评估技术研究，切实提升气象灾害风险管理水平。基于多源、多尺度气象灾害监测数据，加强气象灾害鉴定技术研究。加强气象灾害保险险种、保险费率厘定、保险查勘理赔等技术支撑，推动气象灾害风险评估在保险等行业的应用。充分发挥金融保险的作用，推进气象灾害风险分担和转移机制，开展重大灾害保险气象服务。开展气象防灾减灾效益评估，将气象防灾减灾救灾工作作为全省公共安全体系建设的重要内容纳入各级政府国民经济和社会发展规划。

6.3.5　保障生态文明建设

开展多类型人工影响天气作业示范工程，现代化作业指挥能力显著提升，人影保障生态修复能力显著提升。加强山洪灾害生态影响评估能力建设，研究山洪对生态环境的影响机理，构建山洪灾害生态风险客观评估模型，开展山洪灾害生态风险评估业务。

6.4　提高气象灾害应急处置能力

完善气象防灾减灾组织责任体系建设，建立气象灾害应急预案动态管理机制，加强应急演练，提高气象综合防灾减灾能力，将气象灾害防御体系纳入地方同级应急管理体系。

6.4.1　完善气象防灾减灾救灾组织与责任体系

与应急管理、自然资源、水利等部门共建多员合一的灾害信息员队伍，完善基层气象灾害群策群防机制。加强各级党委对气象灾害防御工作的领导，建立健全气象防灾减灾救灾政府主导机制，严格落实属地责任。充分发挥各级气象灾害防御指挥部统筹协调作用，完善上下贯通、多部门协同的气象灾害防御体制。强化气象部门对灾害性天气的监测预报预警、气候可行性论证、气象灾害风险评估、人工影响天气、防雷减灾的监督管理。探索建立与属地管理为主原则相适应的气象防灾减灾救灾水平评估机制，面向各地各部门的气象灾害防御措施落实制定定期督查制度，推动将气象防灾减灾救灾纳入政府绩效考核和干部政绩考核。

6.4.2　加强气象灾害应急预案管理和应急演练

进一步完善相关应急预案体系，明确各级政府、各部门、企业、社会组织和社会公众的气象防灾减灾救灾责任清单。组织有关单位完成本部门应急预案与《河北省重大气象灾害应急预案》相关内容衔接；各设区市、雄安新区以及各级政府及时修订完善气象灾害应急预案，实现全省气象灾害应急预案动态管理。强化各类气象灾害的应急演练，组织气象与应急管理、自然资源、水利等部门联合开展专项气象灾害应急演练。

6.4.3 加强部门之间应急联动能力

建立气象防灾减灾救灾资源统筹机制，以气象灾害防御决策支撑平台建设为抓手，基于"一张图""一张网"要求，推动部门间的资源统筹和信息共享。充分发挥各级气象灾害防御指挥部职能作用，建立不同部门防灾减灾救灾工作部署、应急指挥、舆情应对的联动协同机制。建立气象防灾减灾救灾多部门技术合作机制，建立多部门信息共享、联合会商、联合制作、联合发布制度，发展学科交叉融合的气象防灾减灾救灾技术，联合开展气象次生及衍生灾害防御技术研究。与应急管理部门合作，加强全国综合防灾减灾示范社区建设。

6.5 提高气象灾害依法防御能力

6.5.1 健全气象灾害防御法律法规

根据国家气象灾害防御法律法规，制定相应的配套法规办法，健全气象灾害预防、监测预警和应急处置等环节的法规体系，明确各级政府、部门和社会公众在气象防灾减灾工作中的责任和义务。修订《河北省气象灾害防御条例》《河北省暴雨灾害防御办法》《河北省暴雪大风寒潮大雾高温灾害防御办法》等现有气象灾害防御法律法规，加强对气象灾害风险普查、评估和应对的依法管理。

6.5.2 完善气象防灾减灾标准规范

建立气象灾害监测预警、风险管理、应急处置和信息传播相关标准，鼓励国家标准、行业标准、地方标准的编制申报，促进气象防灾减灾核心技术的业务化、产业化。加强对气象防灾减灾标准实施情况的监督检查，维护气象灾害防御的严肃性，提升标准的实施应用水平。建立气象防灾减灾标准制定、实施、监督、反馈、改进的良性联动机制，增强气象灾害防御的科学性、规范化、标准化。

6.6 提高气象灾害防御科普宣传能力

6.6.1 服务防灾减灾，提升全民气象科学素质

落实《全民科学素质行动规划纲要(2021—2035年)》，面向青少年特别是在校学生、农民、城镇劳动者、领导干部和公务员等重点人群，围绕防灾减灾，加强针对气象预报预警信息的科学解析、标准的宣贯解读和防灾避险知识的宣传推广，提升全民防灾避灾救灾的意识和能力。深入开展气象科普"五进"活动，重点推动气象防灾减灾课程走进党校(行政学院)、中小学校和农村地区。完成县级新任领导干部防灾减灾专题轮训，开展校园气象科学特色课程试点建设，组织气象防灾科普节目农村巡演，提升全民防灾避灾救灾的意识和能力。

6.6.2　融入气象现代化建设，提升气象科普现代化水平

依托大数据、云计算、移动互联等信息技术手段，洞察和感知公众气象科普需求，创新气象科普精准、定向、定制的服务模式。建立气象宣传科普业务系统，实现气象科普信息的快速汇集、数据深度挖掘、服务即时获取、用户精准推送、决策有效支持，不断提高对社会关切的响应能力。建设数字气象科普馆与移动式气象科普资源平台，开发现代气象科普展品展项，增强公众气象科普体验感和便捷性。

6.6.3　推动品牌体系建设，扩大气象科普社会影响力

深化与地方部门和社会资源的合作，广泛吸纳社会力量和资源，探索和创新跨行业、跨领域的科普合作模式，开展主题突出、特色鲜明、影响广泛的系列气象科普活动，打造气象科普活动品牌。鼓励气象科研、业务成果转化为气象科普产品，吸纳文学、艺术、教育、传媒等社会各方面力量，开发制作便于在各种社交平台快速传播分享的科普读物、科普音视频和动画作品。推动气象科普社会化和产业化进程，支持企业建设面向公众的气象灾害防御培训演练和自救互救体验馆，引导企业参与气象科普产品的研发、生产和推广，促进气象科普事业和产业融合发展，提升气象科普品牌效应和传播效益。

07

第 7 章 气象灾害防御工程

7.1　气象灾害监测提升工程

建设立体协同、精密化气象灾害监测网。完成邯郸天气雷达双偏振功能升级改造，在太行山区、燕山山区和秦皇岛、唐山及沧州沿海组网建设10部左右X波段天气雷达。升级改造全省3部探空雷达，使其具备北斗导航定位和探空自动化的能力。在全省200个国家气象观测站补充建设冻土和电线积冰自动观测设备。建设250套雪深自动观测设备。智能化升级改造国家级自动气象站、国家级灾害观测站，更新1500个左右两要素、单要素灾害观测站设备，遴选山区灾害观测站实施北斗通信升级改造。更新廊坊大厂风廓线雷达，在已有风廓线雷达基础上，补充微波辐射计、云雷达、气溶胶激光雷达等设备，构建立体协同监测网。利用岸基、海基和气象卫星，建设海洋气象观测网。完善雷电监测站网，在雷电灾害高风险区域布设大气电场仪。

建设高影响天气、重大灾害性天气综合气象观测野外试验基地。增强邢台大气环境野外科学试验基地综合保障能力，提升大气环境领域观测技术水平。开展综合气象灾害观测野外试验，深入研究台风、暴雨、冰雹发生机理，防范和降低台风、暴雨、冰雹等对河北省的影响。

升级气象广域网及网络安全系统。升级全省气象广域网传输速率和通信设备，省级网络出口带宽不低于1000 Mbps，市级网络出口带宽不低于200 Mbps，县级网络出口带宽不低于50 Mbps；升级全省气象广域网安全设备，提高网络安全性；基于5G、北斗卫星通信、物联网技术，建设应急备份通信系统，开展区域自动气象资料传输实验。升级全省气象广域网传输速率和通信设备，建设应急备份通信系统，开展区域自动气象资料传输实验。

7.2　气象灾害预报预警能力提升工程

强化数值预报模式应用。建设新一代河北睿图模式系统，强化在重点领域或区域的释用。改进INCA（多源资料融合分析和短临外推）预报系统，提升复杂地形下温度预报准确率，构建复杂地形下重点区域百米级预报场，建立突发事件快速支撑系统的高精度三维预报产品的显示系统。引进高分辨率区域气候模式，构建延伸期一月一季一体化多模式集合预测系统。

智能预报预测系统建设。开展太行山、燕山复杂地形和下垫面影响下灾害性天气的野外观测。完善从分钟到年代际、从天气到气候及其影响的无缝隙智能网格预报预测系统。构建多尺度灾害性、极端性、高影响天气以及重大气候事件、气候异常的客观化、概率化的预报预测系统。依托人工智能等技术手段，建立新一代智能、高效、开放的智能预报预测系统。

山地、海洋专项预报系统建设。开展大型、新型气象探测资料的分析应用，建立山地气象预报的指标体系、概念模型和业务系统。建立区域洋流、海浪和风暴潮同化预报系统。发展海上强对流、海雾、海上大风及热带气旋等海上灾害性天气监测自动识别系统，建设海洋气象预报检验系统，完善海—陆智能网格预报“一张网”。

信息化支撑系统建设。扩容省级基础设施资源池，增加备份手段。扩充高性能计算集群运算存储能力。建设基于云架构的气象大数据云平台，制作高分辨率历史及实况观测资料格点化业务产品，建设气象观测资料和预报服务产品标签系统，优化集约化综合气象业务平台。

7.3 气象灾害防御信息化支撑提升工程

充分利用云计算、大数据、物联网、北斗通信等新技术，打造基于云架构的突发事件预警信息发布系统，升级建设省气象灾害防御支撑平台和决策气象服务一体化支撑系统，建立模块化、定制式、数字化无感气象服务体系，实现响应过程无缝隙切换，指挥决策及时、灵便。

河北省气象灾害防御决策支撑平台二期建设。在一期建设基础上，建设多源数据智能关联模块，实现分灾种气象灾害风险预报图多维度展示，实现数据空间上多重叠加，属性上互相关联；建设气象灾害防御相关信息实时监控模块，实现重大灾害现场信息实时快速收集；完善气象灾害风险预报和评估功能，实现分灾种针对具体承灾体和基于气象灾害链的综合监测、风险早期识别等智能研判；开展平台的大数据云平台改造、政务云迁移，以及平台对外服务的DMZ改造等。

突发事件预警信息发布系统建设。建设面向各类用户的多层次的预警应用系统，满足省市县三级应用，形成上下协调、高效和信息规范的突发公共事件预警信息发布体系；建设综合管理平台，增强统计分析、日志查询、待办提醒等功能，实现对信息发布状态、运行设备状态的监控管理；对接微信、微博、广播、电视等社会发布资源，通过多手段预警信息发布互相补充，实现多灾种预警信息的统一发布；利用现有电信运营商系统及接口，借助其基站广播技术，开发基于基站受众用户的预警短信精准靶向发布功能，满足应急责任人提前发布、社会人群自动分区的精准发布需求，切实有效提高预警信息发布覆盖率。

建设决策气象服务一体化支撑系统。建立重要转折性天气决策气象服务个例库，实现预报落区与历史数据的对比查询，并可实现分灾种分时段的服务个例检索；建立基于决策服务业务需求的数据统计查询和显示功能；基于现有实况数据、落区预报和智能网格产品，实现决策气象服务实况和预报文字、图片数据的模板化输出，并进一步完善决策服务产品的统一分发功能；形成基础数据和决策产品在各级气象部门的决策服务业务中的互相支持，数据统一，出口信息一致。

7.4 气象灾害风险防范能力提升工程

加强智能网格预报产品的分析应用，完善气象灾害风险评估模式技术开发，建立气象灾害风险管理系统，提升气象灾害风险预警、评估以及管理能力。

构建气象灾害防御基础数据集。引入社会力量参与灾情监测采集，完善社会力量参与灾情信息采集机制。按照统一标准、分层设计、数据关联的理念，制定多源异构的气象灾害防御综合数据标准规范，构建气象灾害防御综合数据集。制定主要灾害性天气过程（暴雨、干旱、暴雪、高温、大风、寒潮、冰雹、大雾等)判定标准,建立主要灾害性天气过程案例集。

编制气象灾害风险区划。改进气象灾害风险普查系统,增加致灾因子危险性采集、质检与核查功能,完善承灾体、历史灾情与防御能力信息采集功能,进一步提升气象灾害风险普查数据质量控制和数据管理能力。建立气象灾害风险区划制图体系,引进不同尺度气象灾害风险地图自动化、智能化制图系统,编制省(1∶250000)、市(1∶100000)、县(1∶50000)气象灾害危险性地图、单灾种风险图和综合风险图。围绕雄安新区建设,开展气象灾害风险普查和调查,编制新区灾害风险区划。

完善主要气象灾害风险评估系统。针对河北省主要气象灾害(暴雨、强对流、高温、暴雪、寒潮、大风等),逐步构建分灾种致灾强度模型,建立分灾种致灾强度等级预报业务流程。依托主要气象灾害风险评估模型,研制灾害损失与社会影响评估技术方法,完善气象灾害风险评估系统。基于智能网格预报产品和精细化地理国情数据,实现分灾种气象灾害风险预报图客观输出。

完善中小河流洪水、山洪灾害气象监测预警系统。依托水文模型,建设河北省主要山洪沟的山洪灾害气象风险动态阈值;基于自动站、雷达以及卫星等气象资料,引进机器学习的深度学习算法,构建多源气象资料协同的降水估测模型,改进强降水引发的山洪预警模型输入场;基于水文水动力模型,开展山洪淹没模拟,建立基于高精度地理信息的中小河流洪水、山洪灾害气象监测预警系统。

强化重要行业、重点地区气象灾害综合监测预警评估工程。多部门联合建设完善高速公路、轨道交通、重大水利水电设施、架空输电线、重大通信设施、优势农产品主产区及危险化学品生产储存集中区等气象灾害防御综合监测系统;发展交通气象、航空气象、农业气象、林业气象、环境气象、电力气象、海洋气象等灾害预警和评估系统。集成局地风的精细化监测预报技术,提升火灾气象服务保障能力。

完善雷电灾害防御工程。完善雷电监测站网,针对雷电灾害防御重点领域或高风险区域,补充布设闪电监测设施,提升雷电监测能力;优化雷电监测预报服务系统,提升短临预报及信息快速发布能力,为雷电高影响行业提供未来 2 小时内的雷电短临预警服务。

建立气象灾害风险管理系统。发展集灾害信息采集、致灾阈值确定、基于阈值和定量化风险评估的气象风险预警和保险理赔,以及业务检验和效益评估于一体的气象灾害风险管理体系,建立气象灾害风险管理系统。

7.5　气象灾害防御科普宣传提升工程

充分利用社会资源,通过融入式发展,建设集实体科普展馆(室)、公共文化场馆专题展区、移动式科普资源体验平台和网络数字科普馆为一体的气象科普场馆体系,打造“国家气象科普基地”1 个,新增“全国气象科普教育基地”3 个。建设省市县三级共享的气象科普宣传综合业务平台,打造气象科普新媒体矩阵和自媒体品牌。开发原创性气象科普图书和微视频作品,开展图解、动画、课件、游戏、虚拟现实技术(VR)、增强现实技术(AR)等多种形式的气象灾害防御科普内容创作和气象文化创意产品研发,创作科普读物 2 部、科普文创产品 4 种、科普音视频和动画作品50分钟以上。组建省级中小学气象科技教育联盟,组织新任领导干部气象灾害防御专题培训,常态化开展气象防灾减灾系列科普活动,每年组织专题科普活动不少于5场。定期进行公众气象灾害防御科学素养调查。

7.6 城市气象灾害防御提升工程

强化城市高影响天气精细化数值预报模式。针对城市特有下垫面特点和强降水、雷暴、大风、低能见度、高温、寒潮、暴雪等城市高影响天气特点,强化区域精细化数值预报模式。

优化城市内涝监测评估系统。在石家庄等11个市主城区,建设城市内涝灾害监测设施500套,健全城市内涝积水监测网,引进实况监测积水数据与雷达估算降水数据快速融合分析的城市内涝监测预警算法,优化城市内涝数学模型算法,构建城市内涝阈值指标体系,形成城市内涝快速订正、滚动研判和实时预警业务。

建立城市道路结冰评估模块。利用石家庄等11个市主城区地面温度、降水、气温等观测资料,建立城市道路结冰危险性评估模块,实现过程自动识别、强度计算、致灾强度等级判定等功能。

完善城市"生命线"气象保障系统。进一步细化暴雨、高温、雷电、雨雪冰冻、大风等灾害对交通、能源、水利、通信等城市生命线影响的评价指标,完善城市生命线气象保障系统,提高气象服务的精细化、智能化。

建设韧性城市气候可行性论证子系统。构建韧性城市评估气象灾害指标体系,根据可适应和化解性,设定韧性城市气候可行性论证指标,建设韧性城市气候可行性论证子系统。

7.7 农村气象灾害防御提升工程

建立农村气象灾害监测预警系统。增加村镇特别是太行山、燕山等山区乡镇气象灾害监测密度,建设完善乡镇自动气象站观测网;健全空间分辨率到乡镇的精细化气象预报系统,建立农村气象灾害预警手机平台。

绘制乡村气象风险地图。完善农村气象灾害风险普查数据库,构建乡村级暴雨、大风、高温、大雪等气象灾害综合风险评估模型,绘制精细化乡村气象灾害风险地图。

升级气象防灾减灾示范村。加强乡村气象协理员、气象信息员培训,每年至少开展1次。强化乡村气象灾害风险识别、预防知识普及,定期进行科普宣传和逃生演练,提高乡村防灾减灾意识和能力。与应急管理、地震部门合作,推进气象防灾减灾示范村(社区)升级为全国综合减灾示范社区。

7.8 沿海地区气象灾害防御提升工程

完善海洋气象灾害监测系统。采用固定观测和移动观测、地基观测和空基观测、直接探测和遥感探测，进一步完善海洋气象数据和环渤海区域海上灾害性天气（海雾、海上大风、风暴潮等）的监测，完善海上资料共享库，并实现合理质控、分类管理、智能输出，进一步提升海洋灾害监测能力，为海洋气象服务提供支撑。

建立海洋气象灾害致灾危险性评估系统。针对海上大风、海雾、海冰、赤潮等海洋灾害致灾因子分析，构建致灾强度指数，并进行等级划分，建立分灾种气象致灾危险性评估模型。

建立北上台风灾害监测评估系统。建立北上台风灾害评估模块，实现对北上影响河北台风的自动判断、跟踪、相似个例筛选、致灾因子危险性、承灾体脆弱性以及孕灾环境不稳定性等计算分析，形成台风灾害风险评估业务。

建立沿海防护设施气候可行性论证子系统。收集分析沿海气候、潮位以及相关设施资料，建立沿海防护设施气候可行性论证子系统，为编制、修订沿海防护设施防风、防洪、防潮设计标准提供依据。